Ergebnisse der Mathematik und ihrer Grenzgebiete

Band 4

Herausgegeben von
P. R. Halmos · P. J. Hilton · R. Remmert · B. Szőkefalvi-Nagy

Unter Mitwirkung von
L. V. Ahlfors · R. Baer · F. L. Bauer · R. Courant · A. Dold
J. L. Doob · E. B. Dynkin · S. Eilenberg · M. Kneser · M. M. Postnikov
H. Rademacher · B. Segre · E. Sperner

Geschäftsführender Herausgeber: P. J. Hilton

Méthodes d'Algèbre Abstraite en Géométrie Algébrique

Pierre Samuel

Seconde édition, corrigée

Springer-Verlag Berlin Heidelberg New York 1967

Titel-Nr. 4548

Préface a la seconde édition.

Il peut paraître étrange de rééditer en 1967 un ouvrage qui traite de «vieille» Géométrie Algébrique de l'époque WEIL-ZARISKI. Mais, de divers côtés, on s'est plaint de ne pas trouver en librairie d'ouvrage court et accessible qui permette aux jeunes, nourris de la nouvelle théorie des schémas, de lire quelques beaux mémoires écrits dans l'ancien style.

Il m'a paru vain d'éssayer de moderniser ce petit livre: il y aurait perdu en concision et en nettété. Il est d'ailleurs maintenant d'accés plus aisé qu'en 1955, car l'algèbre commutative qu'on y utilise fait aujourd'hui partie de la formation de base, et est traitée dans de nombreux ouvrages.

Quant à la traduction du langage des variétés en celui des schémas, elle est en partie faite dans la Bible de la jeune Géométrie Algébrique, les «Eléments» de A. GROTHENDIECK. Je ne voudrais d'ailleurs pas priver les jeunes géomètres de la joie de faire eux mêmes cette traduction, joie analogue à celle ressentie il y a 15 ans par ma génération en traduisant la Géométrie Italienne dans le langage que venaient de nous enseigner A. WEIL et O. ZARISKI.

Paris, Janvier 1967   P. SAMUEL

Introduction.

«Coi piedi di piombo» (F. Severi).

Le but de cet ouvrage est de commencer à donner un exposé aussi complet que possible des fondements de la Géométrie Algébrique abstraite. Il n'est pas dans nos intentions de prêcher ici pour notre sujet, ni de l'opposer, par exemple, à la Géométrie algébrique classique que nous a léguée l'Ecole Italienne. D'autres plus qualifiés l'ont déjà fait avec une éloquence à laquelle nous ne saurions prétendre. D'autre part l'objet de ce livre n'est pas de brosser à l'usage du débutant et du profane un tableau attrayant de la Géométrie Algébrique; son objet est d'être utile à l'usager, et celui-ci n'a plus besoin d'être convaincu.

C'est en prenant prétexte de cet but d'utilité que nous nous permettons de présenter au public mathématique un ouvrage ennuyeux. Nous n'avons, tout d'abord, pas recherché la simplicité de lignes qu'aurait entraînée la stricte adhésion à l'un des points de vue aujourd'hui à l'honneur en Géométrie Algébrique abstraite; nous avons au contraire essayé de les englober tous, en allant d'abord le plus loin possible avec un corps de base fixe, puis en étudiant les effets d'une extension de celui-ci, sans cacher les déplaisants phénomènes qu'elle entraîne, surtout si elle est inséparable. D'autre part la Mathématique contemporaine a mis l'accent sur l'étude, aussi universellement féconde qu'occasionnellement fastidieuse, des sous-ensembles, produits et quotients; ce ne sont pas là des notions étrangères aux Géomètres algébriques, qui sont habitués depuis plus d'un siècle à la méthode des sections et projections, et qui furent probablement les premiers à utiliser les ensembles produits; nous avons donc, fidèle à cette méthode, donné une large place aux propriétés des sous-variétés, des variétés produits et des projections, ainsi qu'à ce moyen plus élaboré de «passer au quotient» que sont les coordonnées de Chow; et certains lecteurs pourront s'estimer heureux du fait que, lorsque cet ouvrage a été écrit, notre Géométrie Algébrique n'était pas encore envahie par les produits tensoriels à dose massive, ni par les faisceaux, ni par les foncteurs satellites.

Un autre trait de ce livre est qu'il suppose connus tous les résultats algebriques nécessaires. L'énoncé de ceux-ci, ainsi que l'endroit du livre où on les utilise, font l'objet d'un «Rappel Algébrique» annexé à cet ouvrage. Un tel procédé aurait pû paraître il y a quelques années quelque peu cavalier à l'endroit du lecteur, car il l'aurait forcé, pour acquérir les connaissances nécessaires d'Algèbre commutative, à lire de nombreux mémoires originaux. Sans être parfaite, la situation est aujourd'hui moins grave. Les ouvrages de N. Bourbaki forment une base solide, si elle est encore quelquefois lointaine. Pour les anneaux noethériens et l'Algèbre locale, les petits livres de D. G. Northcott et de l'auteur (le second formant, sans d'ailleurs que ç'ait été concerté, une suite naturelle du premier) donnent tout ce qui est nécessaire. Pour la théorie moderne des spécialisations, places et valuations, et pour celle des éléments entiers qui en est la conséquence, il existe déjà plusieurs cours polycopiés, et l'on peut espérer la publication d'un Traité complet d'Algèbre commutative écrit sous la direction d'Oscar Zariski. Enfin notre «Rappel Algébrique» pourra peut-être servir un jour à l'auteur d'un traité d'Algèbre.

Un lecteur logiquement facétieux pourrait nous objecter que nous ne sommes pas allé au bout de nos idées en ne transférant pas dans le «Rappel Algébrique» l'entier contenu de cet ouvrage; et nous ne pourrions rien lui répondre qui ne soit pas de nature psychologique; car la Géométrie Algébrique abstraite n'est séparée de l'Algèbre commutative que par une frontière mal définie, et la répartition des matières entre le livre proprement dit et son «Rappel Algébrique» s'en ressent à coup sûr. En règle générale nous avons supposé connus, d'une part les résultats d'Algèbre qui ont aussi montré leur utilité dans d'autres applications (la Théorie des Nombres par exemple), d'autre part ceux qui, bien que manifestement inspirés par la Géométrie Algébrique, s'énoncent néanmoins en des termes qui ont acquis droit de cité en Algèbre. Nous avons par contre succinctement démontré dans le texte les résultats algébriques qui ne font que traduire fidèlement une situation géométrique, et ceux qui sont susceptibles d'une démonstration simple par voie géométrique.

Nous nous sommes efforcés d'éviter, dans une certaine mesure, l'utilisation de résultats algébriques raffinés dans des questions géométriques élémentaires. Mais nous n'avons pas non plus hésité à utiliser des moyens algébriques puissants. Par exemple la théorie des dimensions d'intersections est ici indépendante de celle de la dimension des idéaux premiers (c'est-à-dire du «Primidealsatz» de Krull), et la théorie des polynômes caractéristiques dans les anneaux locaux n'intervient que dans celle des multiplicités d'intersections. Par contre le théorème d'extension des spécialisations, sous sa forme finitiste ou sous celle qui fait intervenir les places et valuations, est partout utilisé sans vergogne.

La terminologie utilisée est en général conforme à celle d'Andre Weil. Nos «variétés» sont les mêmes que les siennes, à cela près que les nôtres sont des ensembles de points. Et nous le suivons en disant «point générique» et non «point général», la notion Italienne de «punto generico» s'exprimant à notre avis de façon plus frappante au moyen de locutions du genre de «presque partout», inspirées par l'Intégration.

Un mot sur l'utilisation des points génériques. L'opinion, souvent exprimée par un Géomètre aussi averti qu'OSCAR ZARISKI, que nos «variétés peuplées de points à coordonnées dans des corps de fonctions» sont «trop grandes pour être de bons objets d'étude géométrique», peut donner à réfléchir. Notre principal argument, d'ailleurs développé par ZARISKI lui-même, est la commodité méthodologique de ces points génériques, et nous le croyons admissible dans un ouvrage qui se soucie moins de pureté que d'utilité.

Cet ouvrage est divisé en deux chapitres; chacun est divisé en sections (§); chaque section est divisée en numéros (n°); pour la commodité des références chaque numéro est divisé en alinéas (a), b), ...). Par exemple la référence § 8, n° 4, d) renvoie à l'alinéa d) du numéro 4 de la section 8 du même chapitre; et la référence n° 2, e) renvoie à l'alinéa e) du numéro 2 de la même section. Les renvois au «Rappel Algébrique» se font par numéro; à l'intérieur d'un même numéro ils sont notés (R.a.), (R.b.), ... Et les subdivisions du «Rappel Algébrique» suivent celles du texte.

Outre le «Rappel Algébrique» nous avons adjoint à cet ouvrage un bref annexe historique, un annexe terminologique comparant sous forme de tableau notre terminologie à celles de divers auteurs, et un index alphabétique.

J'adresse mes sincères remerciements à M.M.W. KRULL et P. BOUGHON, dont l'aide m'a été précieuse pour la correction des épreuves.

Je tiens à remercier tous ceux qui, collègues et étudiants, participèrent en 1952—53 à Cornell University à un Séminaire au cours duquel cet ouvrage s'ébaucha dans mon esprit. Je remercie également tous mes confrères, proches comme à Poitiers ou lointains comme à Kyoto, de la jeune Ecole de Géométrie Algébrique; ils ont, sans le savoir, puissamment collaboré à cet ouvrage; et ma plus grande satisfaction serait qu'il puisse leur être utile.

Royat, le 25 septembre 1954.

P. SAMUEL.

Table de matières.

Chapitre I.

Théorie globale élémentaire.

§ 1 — Idéaux et ensembles algébriques affines.

1 — Correspondance entre idéaux et ensembles algébriques.

a) — Soient k un corps et K un surcorps algébriquement clos de k. Nous allons considérer certains sous-ensembles de l'espace affine $A_n(K)$ (ou A_n) de dimension n sur K. Pour repérer les points de cet espace, nous supposerons donnés une origine et n points de base affinement indépendants; alors les points de $A_n(K)$ sont en correspondance biunivoque avec les n-uples $(x_1, \ldots, x_n)$ d'éléments de K. Sauf mention expresse du contraire nous ne changerons pas ce repère. Nous nous permettrons donc de parler du «point $(x_1, \ldots, x_n)$» de $A_n(K)$; nous le noterons souvent (x).

b) — On dit qu'un sous-ensemble V de $A_n(K)$ est un *ensemble algébrique sur k* (ou est un ensemble *normalement algébrique* sur k, ou est un *k-ensemble*) s'il existe un ensemble $\mathfrak{F}$ de polynômes à n variables sur k (c. à d. une partie $\mathfrak{F}$ de $k[X_1, \ldots, X_n]$) tel que V soit l'ensemble des points $(x_1, \ldots, x_n)$ de $A_n(K)$ tels que $f(x_1, \ldots, x_n) = 0$ pour tout f dans $\mathfrak{F}$. En d'autres termes, V est l'ensemble des zéros des polynômes f de $\mathfrak{F}$. Nous noterons cet ensemble $V_K(\mathfrak{F})$, ou $V(\mathfrak{F})$ lorsqu'aucune confusion n'est à craindre.

c) — Inversement, étant donné un sous-ensemble H de A_n, nous noterons $\mathfrak{I}_k(H)$ (ou $\mathfrak{I}(H)$ lorsqu'aucune confusion n'est à craindre) l'ensemble des polynômes f de $k[X_1, \ldots, X_n]$ tels que $f(x_1, \ldots, x_n) = 0$ pour tout point $(x_1, \ldots, x_n)$ de H. Il est clair que $\mathfrak{I}$ est un *idéal* de $k[X_1, \ldots, X_n]$; on l'appelle *l'idéal de H sur k*.

d) — Les formules suivantes, dont la démonstration est immédiate, relient les fonctions V_K et $\mathfrak{I}_k$:

$$\text{Si } \mathfrak{F} \subset \mathfrak{G}, \text{ alors } V_K(\mathfrak{F}) \supset V_K(\mathfrak{G}) \, . \tag{1}$$

$$\text{Si } H \subset H', \text{ alors } \mathfrak{I}_k(H) \supset \mathfrak{I}_k(H') \, . \tag{1'}$$

$$V_K \left(\bigcup_\alpha \mathfrak{F}_\alpha \right) = \bigcap_\alpha V_K(\mathfrak{F}_\alpha) \, . \tag{2}$$

$$\mathfrak{I}_k \left(\bigcup_\alpha H_\alpha \right) = \bigcap_\alpha \mathfrak{I}_k(H_\alpha) \, . \tag{2'}$$

$$\mathfrak{I}_k(V_K(\mathfrak{F})) \supset \mathfrak{F} \, . \tag{3}$$

$$V_K(\mathfrak{I}_k(H)) \supset H \, . \tag{3'}$$

$$V_K\big(\mathfrak{I}_k(V_K(\mathfrak{F}))\big) = V_K(\mathfrak{F}) \, . \tag{4}$$

$$\mathfrak{I}_k\big(V_K(\mathfrak{I}_k(H))\big) = \mathfrak{I}_k(H) \, . \tag{4'}$$

La formule (4) montre que la relation $H = V_K(\mathfrak{I}_k(H))$ caractérise les k-ensembles H; et la formule (4') montre que la relation $\mathfrak{a} = \mathfrak{I}_k(V_K(\mathfrak{a}))$ caractérise les idéaux de k-ensembles. Donc les fonctions $\mathfrak{I}_k$ et V_K mettent en correspondance biunivoque les k-ensembles de $A_n(K)$ et leurs idéaux dans $k[X_1, \ldots, X_n]$. Remarquons tout de suite qu'un idéal quelconque de cet anneau n'est pas néccessairement l'idéal d'un k-ensemble (c.-à-d. de la forme $\mathfrak{I}_k(H)$: en effet, si $f^q \in \mathfrak{I}_k(H)$, alors $f \in \mathfrak{I}_k(H)$; nous verrons plus loin que cette implication caractérise les idéaux de k-ensembles (n° 4)).

e) – On appelle *système d'équations* d'un k-ensemble H tout système de générateurs de l'idéal $\mathfrak{I}_k(H)$. D'après le théorème de la base finie (R., a.) tout ensemble algébrique admet un système *fini* d'équations. Notons que nous ne considérons pas (X^2) comme un système d'équations de l'origine dans $A_1(K)$; par contre (X) en est un.

2 — Opérations sur les ensembles algébriques.

a) – La formule (2) montre que toute *intersection* de k-ensembles est un k-ensemble.

b) – Il n'est pas vrai que toute réunion de k-ensembles soit un k-ensemble. Cependant, étant donnée une famille *finie* de k-ensembles (H_i), leur *réunion* est un k-ensemble, car elle est de la forme $V_K\left(\prod_i \mathfrak{I}_k(H_i)\right)$.

D'après (2') on a $\mathfrak{I}_k\left(\bigcup_i H_i\right) = \bigcap_i \mathfrak{I}_k(H_i)$.

c) – Comme les idéaux de $k[X_1, \ldots, X_n]$ satisfont à la condition maximale (R., a), les k-ensembles de $A_n(K)$ satisfont à la *condition minimale:* toute famille non vide de k-ensembles, ordonnée par inclusion, contient un élément minimal. Cette condition équivaut à la *condition des chaînes descendantes:* étant donnée une suite infinie décroissante (H_i) de k-ensembles, il existe un indice q tel que $H_q = H_{q+1} = \cdots = H_{q+j} = \cdots$.

3 — Ensembles algébriques irréductibles.

a) – On dit qu'un k-ensemble H de $A_n(K)$ est *irréductible sur k* (ou qu'il est une *k-variété)* s'il n'est réunion d'aucune famille finie de k-ensembles strictement contenus dans H.

b) – Montrons que *tout k-ensemble H est réunion finie de k-variétés.* Supposons, en effet, qu'il existe des k-ensembles (de $A_n(K)$) qui ne soient pas réunions finies de k-variétés, et, parmi eux, prenons en un minimal, soit H; comme H n'est pas irréductible, il est réunion de deux sous k-ensembles propres H' et H'', qui, en vertu du caractère minimal de H, sont chacun réunion finie de k-variétés; donc H est aussi une telle réunion finie, contrairement à sa définition.

c) – Soit H un k-ensemble; représentons H comme réunion finie de k-variétés, et, parmi ces représentations, prenons en une qui soit la

plus courte possible, soit $H = \bigcup_i V_i$. On a alors $V_i \not\subset V_j$ pour $i \neq j$.
Nous allons montrer que deux représentations $H = \bigcup_i V_i = \bigcup_j W_j$
satisfaisant à $V_i \not\subset V_{i'}$, pour $i \neq i'$ et $W_j \not\subset W_{j'}$, pour $j \neq j'$ sont *identiques*.
Pour celà remarquons d'abord que, *si une k-variété V est contenue dans
une réunion finie $\bigcup_j W_j$ de k-variétés, elle est contenue dans l'une d'elles*:
en effet on a $V = \bigcup_j (W_j \cap V)$ par distributivité, et, comme V est
irréductible, l'un au moins des k-ensembles $W_j \cap V$ doit être égal à V.
Par conséquent, de $\bigcup_i V_i = \bigcup_j W_j$, on déduit pour tout i (resp. j)
l'existence d'un indice $s(i)$ (resp. $t(j)$) tel que $V_i \subset W_{s(i)}$ (resp. $W_j \subset V_{t(j)}$).
D'où $V_i \subset W_{s(i)} \subset V_{t(s(i))}$, et, d'après l'hypothèse faite sur les V_i,
$V_i = W_{s(i)} = V_{t(s(i))}$. De même $W_j = V_{t(j)}$. Et les V_i et W_j sont
identiques. Par conséquent une représentation $H = \bigcup_i V_i$ satisfaisant
à $V_i \not\subset V_{i'}$, pour $i \neq i'$ est la plus courte possible, et est (essentiellement)
unique. Les k-variétés V_i s'appellent les *composantes de H sur k* (ou les
k-composantes de H).

d) — *Pour qu'un k-ensemble H soit une k-variété, il faut et il suffit
que son idéal $\mathfrak{I}_k(H)$ soit premier.* En effet supposons d'abord H irréductible, et soient f', f'' deux polynômes n'appartenant pas à $\mathfrak{I}_k(H)$;
il existe deux points $(x'), (x'')$ de H tels que $f'(x') \neq 0$ et $f''(x'') \neq 0$;
ainsi $V_K(\mathfrak{I}_k(H) \cup f')$ et $V_K(\mathfrak{I}_k(H) \cup f'')$ sont deux sous ensembles
algébriques propres de H; comme H est irréductible, leur réunion
$V_K((\mathfrak{I}_k(H) \cup f') \cdot (\mathfrak{I}_k(H) \cup f''))$ est distincte de H, ce qui implique
$f' f'' \notin \mathfrak{I}_k(H)$ et que $\mathfrak{I}_k(H)$ est premier. Inversement, si H n'est pas irréductible, soit $H = H' \cup H''$, $\mathfrak{I}_k(H)$ est intersection des idéaux $\mathfrak{I}_k(H')$,
$\mathfrak{I}_k(H'')$ qui le contiennent strictement; il n'est donc pas premier.

Ce résultat montre, par exemple, que toute sous variété *linéaire* de $A_n(K)$ est
une K-variété.

e) — Soit V une k-variété. Comme l'idéal $\mathfrak{I}_k(V)$ est premier, l'anneau
quotient $k[X_1, \ldots, X_n]/\mathfrak{I}_k(V)$ est un anneau d'intégrité; on l'appelle
l'anneau de coordonnées de V sur k, ou l'anneau des polynômes sur V.
Le corps des fractions $F_k(V)$ de cet anneau est appelé le *corps des fonctions
rationnelles* sur V définies sur k; c'est une extension de type fini de k
(engendrée, par exemple, par les classes des X_i mod. $\mathfrak{I}_k(V)$); son degré
de transcendance sur k (qui est fini et $\leq n$) est appelé la *dimension* de V,
et est noté $\dim(V)$. Deux k-variétés sont dites *birationnellement équivalentes* sur k si leurs corps de fonctions rationnelles sont k-isomorphes;
elles ont alors même dimension. Une k-variété est dite *rationnelle*
(resp. *unirationnelle*) si son corps de fractions rationnelles est une
extension pure de k (resp. est contenu dans une extension pure de k).

Une k-variété linéaire de dimension d (au sens de l'Algèbre linéaire) est une
k-variété rationnelle de dimension d.

1*

On appelle dimension d'un k-ensemble H la plus grande des dimensions de ses k-composantes. Un k-ensemble H est dit *équidimensionnel* (ou pur) si toutes ses composantes ont même dimension.

f) — Une k-variété de dimension 0 se compose d'un point algébrique sur k et de ses conjugués sur k.

4 — Le théorème des zéros.

a) — Nous avons vu (n° 1, d)) que l'idéal $\mathfrak{J}_k(H)$ d'un k-ensemble H est tel que, si une puissance f^q d'un polynôme appartient à $\mathfrak{J}_k(H)$, alors f appartient à $\mathfrak{J}_k(H)$; en d'autres termes $\mathfrak{J}_k(H)$ est son propre *radical* (R., a.). Nous allons montrer que la réciproque est vraie, c.-à-d. qu'on a le résultat suivant, appelé *théorème des zéros*, et dû à Hilbert:

$$\text{Tout idéal } \mathfrak{a} \text{ de } k[X_1, \ldots, X_n] \text{ tel que } \mathfrak{a} = R(\mathfrak{a}) \text{ (radical de } \mathfrak{a}) \atop \text{est l'idéal d'un } k\text{-ensemble de } A_n(K). \qquad (1)$$

Cette propriété équivaut à la suivante (cf. 1,d)

$$\text{Si } \mathfrak{a} \text{ est un idéal de } k[X_1, \ldots, X_n] \text{ on a } \mathfrak{J}_k(V_K(\mathfrak{a})) = R(\mathfrak{a}) . \qquad (1')$$

Et elle a pour cas particuliers:

$$\text{Tout idéal premier } \mathfrak{p} \text{ de } k[X_1, \ldots, X_n] \text{ est l'idéal d'une } k\text{-variété.} \qquad (2)$$

$$\text{Si un idéal } \mathfrak{a} \text{ n'admet pas de zéro (c.-à-d. si } V_K(\mathfrak{a}) = \theta) \text{ alors} \atop \mathfrak{a} = k[X_1, \ldots, X_n]. \qquad (3)$$

$$\text{Tout idéal } \mathfrak{a} \neq k[X_1, \ldots, X_n] \text{ admet un zéro.} \qquad (3')$$

b) — Remarquons d'abord que ces cas particuliers sont équivalents au théorème des zéros. Pour (2) il suffit de remarquer que tout idéal $\mathfrak{a}$ tel que $\mathfrak{a} = R(\mathfrak{a})$ est intersection d'idéaux premiers (R., b.) et d'appliquer la formule (2') du n° 1, d). Pour (3) on utilise la méthode de Rabinowitsch, qui consiste à adjoindre une nouvelle variable: soient $\mathfrak{a}$ un idéal de $k[X_1, \ldots, X_n]$ et $P(X)$ un polynôme nul en tout zero de $\mathfrak{a}$; l'idéal $(\mathfrak{a}, TP(X) - 1)$ de $k[X_1, \ldots, X_n, T]$ n'a pas de zéro; donc, d'après (3), on a une identité de la forme

$$1 = \sum_i B_i(X, T) F_i(X) + C(X, T)(TP(X) - 1)(F_i(X) \in \mathfrak{a}) .$$

En remplaçant T par $1/P(X)$ et en chassant les dénominateurs, on en déduit $P(X) \in R(\mathfrak{a})$.

c) — Lorsque le corps algébriquement clos K est *de degré de transcendance infini* sur k (on dit alors que K est un *domaine universel* pour k; c'est aussi un domaine universel pour toute extension de type fini de k), la démonstration de (2) est facile: il existe en effet un k-isomorphisme de l'anneau d'intégrité $k[X_1, \ldots, X_n]/\mathfrak{p}$ dans K (R, c.); notons x_i l'image de la classe de X_i par cet isomorphisme; alors $\mathfrak{J}_k((x))$ est l'idéal premier $\mathfrak{p}$, qui est donc l'idéal d'un k-ensemble V (n° 1, d)).

Avec ces notations les points (x') de V ne sont autres que les éléments de K^n qui satisfont à la condition suivante:

(Sp) *Si $F(X)$ est un polynôme de $k[X_1, \ldots, X_n]$ tel que $F(x) = 0$, alors $F(x') = 0$.*

Nous pouvons exprimer cette propriété en disant que (x') est une *spécialisation de (x) sur k*. Nous supposerons connue la théorie algébrique des spécialisations (R, d). Le point (x) est appelé un *point générique de V sur k*. Il est clair que, si (x) et (x') sont deux points génériques de V sur k, ils sont *isomorphes* sur k, et, plus précisément, il existe un k-isomorphisme h de $k(x)$ sur $k(x')$ tel que $h(x_i) = x_i'$. Lorsque (x) est un point générique de V sur k, le degré de transcendance de $k(x)$ sur k est égal à la dimension de V; nous démontrerons plus loin la réciproque. Remarquons que, lorsqu'un k-ensemble H admet un point générique (x) (c.-à-d. lorsque tout point (x') de H est une spécialisation de (x) sur k) alors H est *irréductible*: en effet $\mathfrak{I}_k(H)$ est égal à $\mathfrak{I}_k((x))$, et est donc premier. Notons enfin que la donnée d'un point (x) de $A_n(K)$ détermine de façon unique une k-variété ayant (x) pour point générique, à savoir $V_K(\mathfrak{I}_k((x)))$; on appelle cette k-variété le *lieu* de (x) sur k.

d) — Lorsque K est *algébrique* sur k (c.-à-d. est la clôture algébrique de k), l'on démontre que *tout idéal premier $\mathfrak{p}$ de $k[X_1, \ldots, X_n]$ admet un zéro dans K*; ceci implique (3') puisque tout idéal $\mathfrak{a}$ de $k[X_1, \ldots, X_n]$ est contenu dans un idéal maximal et donc premier. Pour cela on considère le domaine d'intégrité fini $k[X_1, \ldots, X_n]/\mathfrak{p} = A$, et on lui applique le lemme de normalisation (R, e.): si d désigne le degré de transcendance de A sur k, il existe d éléments $(u_1, \ldots, u_d)$ de A tels que A soit entier sur $k[u_1, \ldots, u_d]$. Comme $(u_1, \ldots, u_d)$ sont algébriquement indépendants sur k, il existe une spécialisation finie f de $k[u]$ dans K telle que les $f(u_j)$ soient des éléments arbitrairement donnés de K et que $f(c) = c$ pour c dans k. Comme K est algébriquement clos, on peut étendre f en une spécialisation g de A dans K, et celle ci est finie puisque A est entier sur $k[u]$. Alors les images par g des classes de $X_1, \ldots, X_n$ dans A sont les coordonnées d'un zéro de $\mathfrak{p}$.

Remarque — Lorsque $\mathfrak{p}$ est un idéal maximal, l'anneau quotient A est un corps, et g est donc un isomorphisme. Donc, si un domaine d'intégrité fini $k[v_1, \ldots, v_n]$ est un corps, c'est une extension *algébrique* de k. C'est là la forme donnée au théorème des zéros par ZARISKI, qui en a trouvé une démonstration élémentaire (par récurrence sur n) et n'utilisant pas le théorème d'extension des spécialisations [Bull. Amer. Math. Soc. 53, 362—368 (1947)].

e) — Le théorème des zéros montre, en particulier, que le corps algébriquement clos K où les points sont censés avoir leurs coordonnées est d'importance secondaire: si K et K' sont deux corps algébriquement clos contenant k, les familles d'ensembles algébriques $(V_K(\mathfrak{F}))$, $(V_{K'}(\mathfrak{F}))$ sont en correspondance biunivoque; les notions d'irréductibilité, de composantes, de dimension sont conservées par cette correspondance.

Nous pourrons donc étendre à volonté le corps K, afin de munir de points génériques les ensembles irréductibles étudiés.

5 — Dimension d'une sous k-variété.

Théorème — *Soient V une k-variété, W une k-variété contenue dans V. On a* $\dim(W) \leq \dim(V)$. *Et, si* $\dim(W) = \dim(V)$, *alors* $W = V$.

Soient en effet (x) et (x') des points génériques de V et W sur k. Comme toute relation algébrique à coefficients dans k satisfaite par (x) est aussi satisfaite par (x'), on a $\dim_k(k(x')) \leq \dim_k(k(x))$ et la première assertion est démontrée. Supposons maintenant que $\dim(V) = \dim(W) = d$; soit, par exemple, $(x'_1, \ldots, x'_d)$ une base de transcendance de $k(x')$ sur k; alors $(x_1, \ldots, x_d)$ est une base de transcendance de $k(x)$ sur k. L'anneau local de la spécialisation f de $k[x]$ sur $k[x']$ (c.-à-d. l'ensemble des fractions rationnelles $P(x)/Q(x)$ de $k(x)$ telles que $Q(x') \neq 0$) contient le corps $k(x_1, \ldots, x_d)$ et est algébrique sur ce corps; c'est donc un corps (R. a.), évidemment égal à $k(x)$. Ainsi f est finie sur $k(x)$ tout entier, et c'est par conséquent un isomorphisme. Donc $W = V$.

Ceci montre, en particulier, qu'un point (x) de V tel que $\dim_k(k(x)) = \dim(V)$ est un point générique de V: il suffit en effet de considérer de lieu de (x) sur k.

6 — Hypersurfaces.

Un k-ensemble H de la forme $V_K(\{F(X)\})$ où $\{F(X)\}$ est un ensemble réduit à un polynôme non nul $F(X)$ est appelé une *hypersurface*.

Comme $k[X_1, \ldots, X_n]$ est un anneau factoriel (R. a.), nous pouvons décomposer F en un produit $F = \prod_i F_i^{n(i)}$ de facteurs irréductibles. Comme les idéaux (F_i) sont premiers, le radical de (F) est l'idéal (G) engendré par $G = \prod_i F_i$. Ainsi $(G(X))$ est un système d'équations de l'hypersurface H (n° 4, (1')) (on dit que $G(X)$, qui est déterminé à un facteur constant près, est l'équation de H), et H est réunion des composantes irréductibles H_i, H_i ayant $F_i(X)$ pour équation. Les H_i sont donc aussi des hypersurfaces. Nous allons maintenant caractériser les hypersurfaces irréductibles.

Il est clair qu'une hypersurface irréductible de $A_n(K)$ est de dimension $n-1$. Montrons réciproquement qu'une k-variété V de dimension $n-1$ de $A_n(K)$ est une hypersurface. Soit (x) un point générique de V; nous pouvons supposer que $(x_1, \ldots, x_{n-1})$ est une base de transcendance de $k(x)$ sur k. Considérons alors le polynôme minimal $F(X_n)$ de x_n sur $k(x_1, \ldots, x_{n-1})$, que nous pouvons écrire $G(x_1, \ldots, x_{n-1}, X_n)$, où $G \in k[x_1, \ldots, x_{n-1}, X_n]$ et où les coefficients des puissances de X_n sont étrangers dans leur ensemble dans l'anneau factoriel $k[x_1, \ldots, x_{n-1}]$. Il est clair que le polynôme $G(X_1, \ldots, X_n)$ s'annule sur V. Réciproquement, si $P(X)$ s'annule sur V, on a $P(x_1, \ldots, x_{n-1}, x_n) = 0$, et $P(x_1, \ldots, x_{n-1}, X_n)$ est un multiple de $G(x_1, \ldots, x_{n-1}, X_n)$ *dans* $k(x_1, \ldots, x_{n-1})[X_n]$. Mais le choix de G et la théorie des anneaux factoriels (R, b.) montrent que $P(x_1, \ldots, x_{n-1}, X_n)$ est aussi un multiple de $G(x_1, \ldots, x_{n-1}, X_n)$ dans $k[x_1, \ldots, x_{n-1}, X_n]$, donc que $P(X)$ est un multiple de $G(X)$ dans $k[X]$. Par conséquent l'idéal de V est l'idéal principal (G), et V est une hypersurface.

Autre démonstration. Prenons un polynôme non nul $Q(X)$ dans l'idéal de V, et notons H l'hypersurface $V_K(\{Q(X)\})$. Comme H contient V, V est contenue dans une des composantes irréductibles H_i de H (n° 3,c)). Comme $\dim(V) = \dim(H_i) = n - 1$, on a $V = H_i$ (n° 5). Donc V est une hypersurface.

Nous concluons de cette discussion que *les hypersurfaces de $A_n(K)$ ne sont autres que les k-ensembles dont toutes les composantes sont de dimension $n - 1$.*

7 — Changement de coordonnées affines.

Considérons, dans $A_n(K)$, deux systèmes de coordonnées affines tels que les coordonnées (x), (y) d'un même point P dans ces deux systèmes soient liées par des formules (linéaires)

$$y_j = a_j + \sum_{i=1}^{n} a_{ji} x_i, \quad x_i = b_i + \sum_{i=1}^{n} b_{ij} y_j$$

à coefficients a_j, a_{ji} (et donc aussi b_i, b_{ij}) dans k. Pour qu'un polynôme $f(X)$ de $k[X_1, \ldots, X_n]$ s'annule au point P, il faut et il suffit que le polynôme $g(Y) = f(b_i + \sum_j b_{ij} Y_j)$ s'annule en P, — et de même dans l'autre sens. Ainsi la notion de k-ensemble est indépendante du système de coordonnées affines. Les idéaux d'un k-ensemble V dans $k[X]$ et $k[Y]$ se correspondent par l'isomorphisme φ défini par $\varphi(X_i) = b_i + \sum_{j=1}^{n} b_{ij} Y_j$ $\left(\text{et donc par } \varphi^{-1}(Y_j) = a_j + \sum_{i=1}^{n} a_{ji} X_i\right)$. Donc la notion de k-variété est, elle aussi, intrinsèque. Lorsque V est une k-variété, ses anneaux de coordonnées et ses corps de fonctions rationnelles (dans les deux systèmes) s'identifient au moyen de l'isomorphisme obtenu à partir de φ par passage aux quotients; la dimension de V est donc une notion intrinsèque, ainsi que celle de point générique.

Le lecteur constatera sans peine que toutes les notions relatives aux variétés affines que nous introduirons par la suite sont indépendantes du système de coordonnées choisi.

§ 2 — Ensembles algébriques dans l'espace projectif.

1 — Définition des ensembles algébriques projectifs.

a) — Nous noterons $P_n(K)$ (ou P_n) un espace projectif de dimension n sur K. Pour repérer les points de $P_n(K)$ nous supposerons donné un système de coordonnées projectives: à tout système $(x) = (x_0, \ldots, x_n)$ de $n + 1$ éléments non tous nuls de K correspond un point Q de $P_n(K)$; un tel système est appelé un système de coordonnées homogènes de Q et est déterminé à un facteur non nul près par la donnée de Q; tout point de $P_n(K)$ admet un système de coordonnées homogènes. Sauf mention expresse du contraire nous ne changerons pas ce système de coordonnées projectives. Nous nous permettrons de parler «du point $(x_0, \ldots, x_n)$», ou même «du point (x)», et nous entendrons par là le point admettant $(x) = (x_0, \ldots, x_n)$ pour système de coordonnées homogènes. La donnée d'un point Q de $P_n(K)$ détermine de façon unique ceux des rapports x_i/x_j de ses coordonnées homogènes qui sont définis (c.-à-d. dont le dénominateur n'est pas nul); on note $k(Q)$ le sous-corps de K engendré sur k par ces rapports. On dit qu'un système de coordonnées homogènes (x) d'un point Q de $P_n(K)$ est un système de coordonnées *strictement homogènes* de Q si le corps $k(x)$ est une extension transcendante de $k(Q)$; c'en est alors une extension transcendante simple; lorsque K est un domaine universel pour k, tout point de $P_n(K)$ admet un système de coordonnées strictement homogènes.

b) — Etant donnés un polynôme $F(X_0, \ldots, X_n)$ sur k et un point Q de $P_n(K)$, nous dirons que Q est un *zéro projectif* de F si l'on a $F(x) = 0$ pour *tout* système de coordonnées homogènes (x) de Q. Il *suffit*, pour cela qu'on ait $F(x) = 0$ pour *un* système de coordonnées *strictement* homogènes de Q. Comme K est infini, il faut et il suffit, pour que Q soit un zéro projectif de F, que (x) soit un zéro (au sens ordinaire) de toutes les composantes homogènes du polynôme F. Nous dirons qu'un ensemble H de $P_n(K)$ est un *ensemble algébrique sur* k (ou un ensemble *normalement algébrique* sur k, ou un *k-ensemble*) si c'est l'ensemble des zéros projectifs d'une famille $\mathfrak{F}$ de polynômes de $k[X_0, \ldots, X_n]$. L'on peut toujours supposer que la famille $\mathfrak{F}$ se compose de polynômes homogènes. Nous noterons $VP_K(\mathfrak{F})$ l'ensemble des zéros projectifs de la famille $\mathfrak{F}$ de polynômes.

c) — Inversement, étant donné un sous-ensemble H de $P_n(K)$, nous noterons $\mathfrak{I}\mathfrak{H}_k(H)$ l'ensemble des polynomes f de $k[X_0, \ldots, X_n]$ qui admettent tout point de H pour zéro projectif. Il est clair que $\mathfrak{I}\mathfrak{H}_k(H)$ est un *idéal homogène* de $k[X_0, \ldots, X_n]$, c'est à dire un idéal qui, avec un polynôme f, contient toutes les composantes homogènes de f; il revient au même de dire que $\mathfrak{I}\mathfrak{H}_k(H)$ est engendré par des polynômes homogènes.

d) – Les formules (1), (2), (3), (4), (1'), (2'), (3'), (4') du n° 1,d) s'appliquent quand on y remplace les opérations V_K et $\mathfrak{I}_k$ par VP_K et $\mathfrak{I}\mathfrak{H}_k$.

e) – On peut aussi ramener l'étude des k-ensembles projectifs à celle des k-ensembles affines par le procédé suivant. On considère, à la façon ordinaire, $P_n(K)$ comme l'ensemble des droites passant par l'origine d'un espace vectoriel E de dimension $n+1$ sur K. Etant donné un sous-ensemble H de $P_n(K)$, on appelle *cône représentatif* de H et on note $C(H)$ la réunion des droites de E qui sont éléments de H; autrement dit $C(H)$ est la réunion de 0 et des points $(x_0, \ldots, x_n)$ de E tels que $(x_0, \ldots, x_n)$ soit un système de coordonnées homogènes d'un point de H. Nous poserons $C(\Phi) = (0)$. Ainsi, pour qu'un ensemble $H \subset P_n$ soit algébrique, il faut et il suffit que son cône représentatif $C(H)$ le soit. L'idéal homogène $\mathfrak{I}\mathfrak{H}_k(H)$ n'est autre que $\mathfrak{I}_k(C(H))$.

f) – La considération des cônes représentatifs montre aussitôt que toute *intersection* et toute *réunion finie* de k-ensembles projectifs est un k-ensemble projectif (§ 1 n° 2). Remarquons d'autre part que si un cône algébrique C est réductible, ses composantes irréductibles V_i sont des cônes: en effet la réunion V_i' des droites passant par 0 et rencontrant V_i est une k-variété, car elle admet pour idéal l'ensemble des polynômes homogènes contenus dans $\mathfrak{I}_k(V_i)$, et cet idéal est premier; comme $V_i' \subset H$, on a $V_i = V_i'$. Donc, si l'on appelle *irréductible* un k-ensemble projectif H qui n'est pas réunion finie de k-ensembles projectifs distincts de H, l'on voit que, pour que H soit irréductible, il faut et il suffit que son cône représentatif $C(H)$ le soit; une condition équivalente est que l'idéal $\mathfrak{I}\mathfrak{H}_k(H)$ soit *premier*; un k-ensemble projectif irréductible est aussi appelé une *k-variété* (projective). On voit aussi que tout k-ensemble projectif H est *réunion finie de k-variétés* (projectives) (V_i) (cf. § 1 n° 2); les représentations $H = \underset{i}{\cup} V_i$ telles que $V_i \not\subset V_j$ pour $i \neq j$ sont toutes identiques; les V_i qui figurent dans une telle représentation sont appelées les *composantes* de H.

On notera qu'une variété linéaire projective de $P_n(K)$, si elle est définie par des équations linéaires homogènes à coefficients *dans* k, est une k-variété.

2 — Points génériques. Dimension.

a) – Soit V une k-variété de $P_n(K)$. Son idéal homogène $\mathfrak{I}\mathfrak{H}_k(V)$ est alors un idéal premier (n° 1, f)), et l'anneau quotient $k[X_0, \ldots, X_n]/\mathfrak{I}\mathfrak{H}_k(V)$ est un anneau d'intégrité; on l'appelle *l'anneau de coordonnées homogènes* de V; notons le $k[v_0, \ldots, v_n]$ (v_i: classe de X_i). Considérons un élément $r(v) = p(v)/q(v)$ de son corps des fractions, et soit (x) un système de coordonnées homogènes d'un point P de V; l'élément $p(x)/q(x)$ de K, s'il est défini, ne dépend que de $r(v)$ et des coordonnées (x) de P, et non de la représentation de $r(v)$ sous forme de quotient; notons le $r(x)$;

cependant $r(x)$ dépend en général du choix du système (x) de coordonnées homogènes de P. On voit aisément, par décomposition des polynômes p et q en composantes homogènes et utilisation du fait que K est infini, que les seuls éléments $r(v)$ de $k(v_0, \ldots, v_n)$ tels que $r(x)$ ne dépende que du point P ayant (x) pour coordonnées homogènes sont ceux qui peuvent s'écrire $p(v)/q(v)$, où p et q sont des *polynômes homogènes de même degré*. Ces éléments constituent un *sous corps de* $k(v)$, évidemment engendré sur k par ceux des rapports v_i/v_j qui sont définis; on l'appelle le *corps des fonctions rationnelles sur* V *définies sur* k, et on le note $F_k(V)$. C'est une extension de type fini de k; son degré de transcendance est appelé la *dimension* de V, et est noté $\dim(V)$. Il est clair que $k[v]$ et $k(v)$ sont respectivement l'anneau de coordonnées affines et le corps des fonctions rationnelles du cône représentatif $C(V)$ de V. Comme $k(v)$ est extension transcendante simple de $F_k(V)$ (car $k(v) = F_k(V)\,(v_i)$ pour tout i tel que $v_i \neq 0$), on a

$$\dim(C(V)) = 1 + \dim(V) . \tag{1}$$

Cette relation montre que les résultats des n° 5 et 6 du § 1, relatifs à la dimension d'une sous k-variété et à la caractérisation des hypersurfaces, se transportent au cas projectif sans y changer un mot.

b) — Lorsque K est un *domaine universel* (§ 1, n° 4,c)) pour k, il existe un k-isomorphisme f de l'anneau de coordonnées homogènes $k[v_0, \ldots, v_n]$ dans K; posons $x_i = f(v_i)$. Le point P de coordonnées homogènes $(x_0, \ldots, x_n)$ est un point de V, et l'on a $\mathfrak{IH}_k(V) = \mathfrak{I}_k((k))$. Autrement dit les points (x') de V ne sont autres que les systèmes d'éléments de K qui satisfont à la condition:

(Sp) *Si* $F(X)$ *est un polynôme de* $k[X_0, \ldots, X_n]$ *tel que* $F(x) = 0$, *alors*
$F(x') = 0$.

Un tel point P est appelé un *point générique* de V sur k. Notons que (x) est un système de coordonnées *strictement homogènes* de P. Si nous notons $(\overline{x})$ un système de coordonnées homogènes *quelconques* de P, alors les points (x') de V sont ceux qui vérifient la condition

(Sph) *Si* $F(X)$ *est un polynôme homogène de* $k[X_0, \ldots, X_n]$ *tel que*
$F(\overline{x}) = 0$, *alors* $F(x') = 0$.

Nous exprimerons cette propriété en disant que les points de V sont les *spécialisations homogènes* du point générique P sur k.

c) — Il est clair que si P et P' sont des points génériques de V sur k, et (x) et (x') des systèmes de coordonnées strictement homogènes de P et P', les corps $k(P)$ et $k(P')$ d'une part, et $k(x)$ et $k(x')$ de l'autre, sont k-isomorphes. On montre, comme dans le cas affine (§ 1, n° 5), que les points génériques P de V sont caractérisés par l'égalité $\dim_k(k(P)) = \dim(V)$ et leurs systèmes de coordonnées strictement homogènes (x) par $\dim_k(k(x)) = 1 + \dim(V)$.

3 — Forme projective du théorème des zéros.

a) — La forme projective du théorème des zéros (cf. § 1, n° 4) est la suivante:

> *Tout idéal homogène* $\mathfrak{a}$ *de* $k[X_0, \ldots, X_n]$ *qui est égal à son radical*
> $R(\mathfrak{a})$ *est l'idéal homogène d'un* k-*ensemble projectif* H. *Pour que* H
> *soit non vide il faut et il suffit que* $\mathfrak{a}$ *soit distinct de* $k[X_0, \ldots, X_n]$ 　 (1)
> *et de l'idéal maximal* $(X_0, \ldots, X_n)$.

Ce résultat est une conséquence immédiate du théorème affine des zéros, appliqué aux cônes représentatifs. En remarquant que le radical d'un idéal homogène est un idéal homogène (R, a.), on voit que l'énoncé suivant est équivalent à (1):

> *Si* $\mathfrak{a}$ *est un idéal homogène de* $k[X_0, \ldots, X_n]$ *et si* $R(\mathfrak{a})$ *n'est pas*
> *l'idéal* $(X_0, \ldots, X_n)$, *on a* $\mathfrak{I}\mathfrak{H}_k(VP_K(\mathfrak{a})) = R(\mathfrak{a})$. 　 (1')

Un idéal homogène $\mathfrak{a}$ dont le radical est $(X_0, \ldots, X_n)$, c'est-à-dire un idéal homogène distinct de $k[X_0, \ldots, X_n]$ et qui contient tous les monômes d'un certain degré d en les X_i (ou, ce qui revient au même, tous les X_i^s pour certain s) est dit *impropre*. L'ensemble algébrique d'un idéal impropre est vide.

b) — Enonçons quelques cas particuliers du théorème des zéros:

> *Tout idéal premier homogène non impropre* $\mathfrak{p}$ *de* $k[X_0, \ldots, X_n]$
> *est l'idéal homogène d'une* k-*variété projective non vide.* 　 (2)

> *Si un idéal homogène* $\mathfrak{a}$ *n'admet pas de zéro* (*c.-à-d. si* $VP_K(\mathfrak{a}) = \emptyset$)
> *alors* $\mathfrak{a}$ *est impropre ou égal à* $k[X_0, \ldots, X_n]$. 　 (3)

> *Tout idéal homogène non impropre et distinct de* $k[X_0, \ldots, X_n]$
> *admet un zéro.* 　 (3')

c) — Comme dans le cas affine (§ 1, n° 4,e)) le théorème des zéros montre que le choix du corps algébriquement clos K est d'importance secondaire, et qu'on peut l'étendre à volonté.

4 — Extension des spécialisations.

L'extension d'une spécialisation finie f d'un anneau d'intégrité A à un anneau d'intégrité B contenant A (R, a.) n'est, en général, possible qu'en assignant la valeur ∞ à certains éléments de B. En d'autres termes, étant donnés deux points $(x), (y)$ de deux espaces affines $A_n(K), A_m(K)$, et une spécialisation (x') de (x) sur k (§ 1, n° 4,c)), il n'est pas toujours possible de prolonger celle ci en une spécialisation (x', y') de (x, y) sur k. Un tel désagrément ne se présente pas pour les points d'espaces projectifs.

Soient P et Q deux points de deux espaces projectifs $P_n(K), P_m(K)$, et $(x), (y)$ des systèmes de coordonnées homogènes de P et Q. On dit qu'un système (P', Q') de deux points P', Q' de $P_n(K)$ et $P_m(K)$ est une *spécialisation homogène* (ou une *spécialisation*) de (P, Q) sur k si, pour tout systèmes de coordonnées homogènes (x'), (y') de P', Q', et pour tout polynôme $F(X, Y)$ *homogène* en les X_i et *homogène* en les Y_j de $k[X_0, \ldots, X_n, Y_0, \ldots, Y_m]$ tel que $F(x, y) = 0$, on a $F(x', y') = 0$. On voit aussitôt que cette condition ne dépend pas des systèmes de coordonnées homogènes choisis. La forme projective du théorème d'extension des spécialisations peut alors s'énoncer ainsi:

(Ext)— *Etant donnés deux points P, Q de $P_n(K)$ et $P_m(K)$ et une spécialisation $P' \in P_n(K)$ de P sur k, il existe un point Q' de $P_m(K)$ tel que (P', Q') soit spécialisation de (P, Q) sur k.*

Considérons en effet des systèmes de coordonnées strictement homogènes (x), (y) et (x') de P, Q, Q'. Alors (x') est spécialisation (au sens ordinaire) de (x) sur k (n° 2, b)); notons f l'homomorphisme de $k[x]$ sur $k[x']$ qui amène (x) sur (x'); et prolongeons f en une *place g* du corps $k(x, y)$ à valeurs dans K (R, b.). Notons y_i l'un des éléments $y_0, \ldots, y_m$ dont l'ordre est minimum pour la valuation associée à la place g (R, c.). Les éléments y_j/y_i ont alors des valeurs finies non toutes nulles y'_j pour la place g. Et l'on voit aisément que l'on peut prendre pour Q' le point de coordonnées homogènes (y'_j).

Le résultat précédent se généralise sans difficulté aux spécialisations homogènes de systèmes finis quelconques de points d'espaces projectifs.

5 — Changement de coordonnées projectives.

Ici l'on considère, dans $P_n(K)$, deux systèmes de coordonnées projectives tels que deux systèmes de coordonnées homogènes (x), (y) d'un même point P dans les deux systèmes soient liées par des formules linéaires et homogènes

$$y_j = \sum_{i=0}^{n} a_{ji} x_i, \quad x_i = \sum_{j=0}^{n} b_{ij} y_j$$

à coefficients a_{ji} (et donc aussi b_{ij}) *dans k.* Notons que, si l'on change (x) en (tx) $(t \neq 0)$, (y) est changé en (ty), et ces formules ont donc un sens indépendant du choix des coordonnées homogènes. Notons aussi que ces formules définissent un changement de coordonnées affines dans $A_{n+1}(K)$ par lequel l'origine est conservée. Par passage aux cônes représentatifs (n° 1, e)) l'on voit donc que les remarques faites dans le cas affine (§ 1, n° 7) se transposent au cas projectif, mutatis mutandis.

6 — Plongement de l'espace affine dans l'espace projectif.

a) — A tout point $(x_1, \ldots, x_n)$ de $A_n(K)$ faisons correspondre le point $(1, x_1, \ldots, x_n)$ de $P_n(K)$. Nous avons ainsi défini une application biunivoque h de $A_n(K)$ dans $P_n(K)$. Tout point $(y_0, y_1, \ldots, y_n)$ de P_n tel que $y_0 \neq 0$ est un point de l'image $h(A_n)$ puisqu'il admet $(1, y_1/y_0, \ldots, y_n/y_0)$

comme système de coordonnées homogènes. Autrement dit $h(A_n)$ est le *complément de l'hyperplan* $X_0 = 0$ dans P_n. Nous identifierons A_n à ce complément au moyen de h. L'hyperplan $X_0 = 0$ est appelé *l'hyperplan à l'infini* (pour cette identification), et ses points sont appelés les *points à l'infini* de P_n; les autres points de P_n sont dits *à distance finie*.

b) — Etant donné un k-ensemble H dans A_n nous allons étudier le plus petit k-ensemble projectif de P_n contenant H (c.-à-d. l'intersection des k-ensembles projectifs contenant H; cf. n° 1,f)). Si $F(X_1, \ldots, X_n)$ est un polynôme de degré (total) d, nous noterons $\overline{F}(Y_0, \ldots, Y_n)$ le polynôme $Y_0^d F(Y_1/Y_0, \ldots, Y_n/Y_0)$ obtenu en rendant F homogène. On a évidemment

$$\overline{FG} = \overline{F} \cdot \overline{G} , \tag{1}$$

$$Y_0^{d°(FG) - d°(F+G)} \cdot \overline{(F+G)} = Y_0^{d°(G)} \cdot \overline{F} + Y_0^{d°(F)} \cdot \overline{G} . \tag{2}$$

Soit $\mathfrak{a}$ l'idéal de H; considérons l'idéal $\overline{\mathfrak{a}}$ de $k[Y_0, \ldots, Y_n]$ engendré par les $\overline{F}(Y)$ où F parcourt $\mathfrak{a}$; c'est un idéal homogène, dont les éléments homogènes sont tous de la forme $Y_0^s \overline{F}(Y)$, où $F \in \mathfrak{a}$ et où $s \geqq 0$, comme le montrent les formules (1) et (2). Pour qu'un point $(1, x_1, \ldots, x_n)$ soit un zéro projectif de $\overline{\mathfrak{a}}$, il faut et il suffit que $(x_1, \ldots, x_n)$ soit un zéro affine de $\mathfrak{a}$; autrement dit le k-ensemble $\overline{H} = VP_K(\overline{\mathfrak{a}})$ vérifie $\overline{H} \cap A_n = H$. Comme $\mathfrak{a}$ est son propre radical, il en est de même de $\overline{\mathfrak{a}}$ (formule (1)), et $\overline{\mathfrak{a}}$ est l'idéal de $\overline{H}$ (n° 3). Enfin, si un k-ensemble projectif B contient H, on a $G(1, x_1, \ldots, x_n) = 0$ pour tout polynôme homogène $G(Y)$ de $\mathfrak{IH}_K(B)$ et tout (x) de H, donc $F(X) = G(1, X_1, \ldots, X_n)$ $\in \mathfrak{I}_k(H) = \mathfrak{a}$; comme $G(Y)$ est de la forme $Y_0^s \overline{F}(Y)$, on a $G(Y) \in \overline{\mathfrak{a}}$; d'où $\mathfrak{IH}_K(B) \subset \overline{\mathfrak{a}}$, et $B \supset \overline{H}$. Ainsi $\overline{H}$ est *le plus petit k-ensemble de P_n contenant H*. On l'appelle la *fermeture projective* de H.

c) — Lorsque $\mathfrak{a} = \mathfrak{I}_k(H)$ est un idéal *premier*, c'est-à-dire lorsque H est une k-*variété*, la formule (1) (b)) et la structure de $\overline{\mathfrak{a}}$ montrent que $\overline{\mathfrak{a}}$ est un idéal premier, donc que $\overline{H}$ est une k-*variété* projective. L'anneau de coordonnées affines $k[X]/\mathfrak{a}$ s'identifie alors au sous-anneau du corps des fractions de l'anneau de coordonnées homogènes $k[Y]/\overline{\mathfrak{a}} = k[v]$ (v_i: classe de Y_i) formé par les rapports $f(v)/v_0^d$ où f est un polynôme homogène de degré d; ce sous-anneau est contenu dans le corps $F_k(\overline{H})$ des fonctions rationnelles sur $\overline{H}$, et admet $F_k(H)$ pour corps des fractions (n° 2). Donc H et $\overline{H}$ ont *même corps de fonctions rationnelles*, et donc *même dimension*. D'autre part, si $(x_1, \ldots, x_n)$ est un point générique de H sur k, alors $(1, x_1, \ldots, x_n)$ est un point générique de $\overline{H}$, et $(t, tx_1, \ldots, tx_n)$, où t est transcendant sur $k(x)$, est un système de coordonnées strictement homogènes de ce point.

d) — La construction de $\overline{\mathfrak{a}}$ à partir de $\mathfrak{a}$ préservant les inclusions et les intersections (cf. b)), l'opération de fermeture projective préserve les inclusions et les réunions. Donc, si $H = \bigcup_i V_i$ est la décomposition du k-ensemble affine H en composantes irréductibles, les composantes de sa fermeture projective $\bar{H}$ sont les fermetures projectives V_i.

e) – Remarquons que toute k-variété V de P_n qui n'est pas contenue dans l'hyperplan à l'infini $X_0 = 0$, et plus généralement tout k-ensemble de P_n dont aucune composante n'est contenue dans l'hyperplan à l'infini, est la fermeture projective d'un k-ensemble de A_n: en effet, pour tout point générique $(y_0, \ldots, y_n)$ de V, on a $y_0 \neq 0$, et le lieu H du point $(y_1/y_0, \ldots, y_n/y_0)$ sur k admet V pour fermeture projective (cf. c)).

f) – Au moyen d'un changement de coordonnées projectives (cf. n° 5), tout hyperplan L de $P_n(K)$, s'il peut être défini par une équation à coefficients dans k, peut être choisi comme hyperplan à l'infini. On peut donc identifier le complément de cet hyperplan à $A_n(K)$. Lorsque l'hyperplan L ne contient aucune des composantes des ensembles algébriques qu'on se propose d'étudier, on est ramené à une étude de géométrie Algébrique affine (cf. le chap. II, consacré aux questions locales).

Remarque — Lorsqu'on considère P_n comme un quotient de $A_{n+1} - (0)$, et qu'on passe aux cônes représentatifs, le complément de l'hyperplan à l'infini $X_0 = 0$ dans P_n est en correspondance biunivoque avec l'hyperplan affine $X_0 = 1$ de A_{n+1} (une droite passant par 0 correspondant à sa trace sur $X_0 = 1$). L'injection $(x_1, \ldots, x_n) \to (1, x_1, \ldots, x_n)$ de A_n dans P_n est l'application composée de l'isomorphisme $(x_1, \ldots, x_n) \to (1, x_1, \ldots, x_n)$ de A_n sur l'hyperplan $X_0 = 1$, et de cette correspondance.

§ 3 — Projections.

1 — Projections dans l'espace affine.

a) – Considérons deux espaces affines $A_n(K)$, $A_m(K)$ et une application affine f du premier dans le second qui soit «définie sur k». Plus précisément, à tout point (x) de $A_n(K)$, f associe un point (y) de $A_m(K)$ dont les coordonnées sont données par des formules linéaires

$$y_j = b_j + \sum_{i=1}^{n} a_{ji} x_i \quad (1 \leq j \leq m)$$

dont les coefficients a_{ij}, b_j sont *dans* k. Une telle application sera appelée une *projection* (définie sur k) de $A_n(K)$ dans $A_m(K)$.

Au moyen d'un changement de coordonnées dans A_m l'on peut supposer $b_j = 0$. L'image $f(A_n)$ est une variété linéaire affine de A_m, et l'on peut aussi supposer que f est une *surjection*. Un important cas particulier est celui où les y_j sont égaux à certains des x_i.

La variété linéaire homogène D d'équations $\sum_{i=1}^{n} a_{ji} X_i = 0$ s'appelle la *direction* de la projection f. La donnée de D détermine f à un changement de coordonnées près, comme le montre l'Algèbre linéaire. Intrinsèquement, projeter parallèlement à D équivaut à passer à l'espace affine quotient de A_n par la relation d'équivalence «$x - x'$ est parallèle à D». Si D est de dimension d, $f(A_n)$ est de dimension $n - d$.

b) — Etant donné un k-ensemble H dans $A_n(K)$, son image $f(H)$ par la projection f n'est pas nécessairement un k-ensemble, comme le montre l'exemple de l'hyperbole $X_1 X_2 - 1 = 0$ dans $A_2(K)$ et de la projection $(X_1, X_2) \rightarrow X_1$. Cependant cet exemple laisse prévoir que $f(H)$ ne diffère pas beaucoup d'un k-ensemble. Plus précisément considérons l'anneau de polynômes $k[X_1, \ldots, X_n]$ et le sous anneau $k[Y_1, \ldots, Y_m]$ où $Y_j = b_j + \sum_{i=1}^{n} a_{ji} X_i (b_j, a_{ji} \in k)$; les Y_j ne sont pas nécessairement algébriquement indépendants sur k; mais l'on peut extraire de $(Y_1, \ldots, Y_m)$ un système maximal de fonctions affinement indépendantes sur k; celles-ci sont algébriquement indépendantes, et les autres en sont des fonctions linéaires; ainsi $k[Y_1, \ldots, Y_m]$ est essentiellement un anneau de polynômes; c'est d'ailleurs l'anneau de coordonnées de la variété linéaire $f(A_n)$. Soit $\mathfrak{a}$ l'idéal de H dans $k[X]$; l'idéal $\mathfrak{a}' = \mathfrak{a} \cap k[Y]$ est égal à son radical, et est donc l'idéal d'un sous k-ensemble noté H' de $f(A_n)$ (on notera que, si $\mathfrak{b}$ est un idéal de $k[X]$, on a $R(\mathfrak{b} \cap k[Y]) = R(\mathfrak{b}) \cap k[Y]$). Il est clair que tout point de $f(H)$ est un zéro de $\mathfrak{a}'$, d'où $f(H) \subset H'$. D'autre part, si les composantes de H sont notées V_a, celles de H' sont parmi les $(V_a)'$; en particulier, si H est irréductible, H' l'est aussi.

Nous allons maintenant démontrer que *le complément $H' - f(H)$ est contenu dans un sous ensemble algébrique propre de H'*. Il suffit de démontrer ceci lorsque H est irréductible. Soit (x) un point générique de H, (x) le point $f(x)$; c'est un point générique de H'. Pour qu'un point (y') de H' appartienne à $f(H)$ il faut et il suffit qu'il existe un système d'éléments (x') de K tel que (x', y') soit spécialisation de (x, y) sur k. Or, d'après le théorème d'extension des spécialisations, il existe un système d'éléments (x'') du corps projectif K_∞ tel que (x'', y') soit spécialisation de (x, y) sur k (R, a.), et nous devons faire en sorte que les éléments (x'') soient tous finis. Pour celà considérons une base de transcendance, par exemple $(x_1, \ldots, x_q)$, de $k(x)$ sur $k(y)$, et, pour $j > q$, soit $A_{j,n(j)} x_j^{n(j)} + \cdots + A_{j,1} x_j + A_{j,0} = 0$ le polynôme minimal de x_j sur $k(y, x_1, \ldots, x_{j-1})$, les $A_{j,i}$ étant des polynômes en $y, x_1, \ldots, x_{j-1}$. Par récurrence sur j l'on peut supposer qu'il existe un sous ensemble algébrique propre E_j de H' tel que, pour tout (y') de $H' - E_j$, il existe une spécialisation finie $(y', x_1', \ldots, x_{j-1}')$ de $(y, x_1, \ldots, x_{j-1})$. Pour qu'une telle spécialisation n'ait d'autre extension à $(y, x_1, \ldots, x_{j-1}, x_j)$ que $(y', x_1', \ldots, x_{j-1}', \infty)$, il faut et il suffit que l'on ait $A_{j,n(j)} = \cdots = A_{j,1} = 0$. Ces équations définissent un k-ensemble F de l'espace des variables $(Y, X_1, \ldots, X_{j-1})$ dont la «projection» F' (au sens défini ci-dessus) sur l'espace des variables (Y) ne contient pas H' (puisqu'elle n'en contient aucun point générique). Il nous suffira alors de prendre $E_{j+1} = E_j \cup (F' \cap H')$. D'où $H' - f(H) \subset E_{n+1}$; c.q.f.d. Le k-ensemble H' est appelé, par abus de langage, la *projection* de H

par f; par contraste on dira que $f(H)$ est la *projection ensembliste* de H. On notera que l'anneau de coordonnées de H' est un sous-anneau de celui de H.

c) — Supposons H *irréductible*, et soit (x) un point générique de H. Alors H' est irréductible (b)) et admet $f(x)$ pour point générique. Le degré $[k(x) : k(f(x))]$ est appelé *l'indice de projection* de H sur H'. C'est essentiellement le «nombre de points» de H se projetant en un point générique de H'. Plus précisément, lorsque ce degré est *fini*, $k(x)$ est algébrique sur $k(f(x))$ et ces points ne sont autres que les conjugués du point (x) sur $k(f(x))$; leur nombre est exactement $[k(x) : k(f(x))]$ lorsque $k(x)$ est *séparable* sur $k(f(x))$; sinon nous verrons plus tard (chap. II) comment la théorie des multiplicités d'intersection conduit à répéter chacun de ces conjugués un certain nombre de fois (nombre d'ailleurs puissance de la caractéristique de k) de façon à en obtenir $[k(x) : k(f(x))]$. On remarquera que l'on a l'inégalité $\dim(f(H)) \leq \dim(H)$.

d) — Notons enfin que l'opération de projection est l'image géométrique de l'opération algébrique d'*élimination*. Considérons en effet un système d'équations $F_i(Y, T) = 0$ en deux séries de variables (Y), (T). Eliminer (T) entre ces équations c'est trouver les conditions nécessaires et suffisantes que doit vérifier le point (y) afin qu'il existe un point (t) tel que $F_i(y, t) = 0$. Notons f la projection $(Y, T) \rightarrow (Y)$, et H l'ensemble algébrique défini par les équations $F_i(Y, T) = 0$; les points (y) cherchés sont ceux de $f(H)$. Pour simplifier les choses, on oublie souvent que $f(H)$ est distinct de H', et l'on considère qu'un système d'équations de H' fournit le «résultant» de l'élimination des variables (T) entre les équations $F_i(Y, T) = 0$. Rappelons que, si les $F_i(X, T)$ forment un système d'équations du k-ensemble H, c'est-à-dire si l'idéal $\mathfrak{a}$ de $k[Y, T]$ engendré par les F_i est son propre radical, alors «éliminer les variables (T)» consiste à prendre un système de générateurs de l'idéal $\mathfrak{a} \cap k[Y]$ de H'.

2 — Projections dans l'espace projectif.

a) — Soient $P_n(K)$ et $P_m(K)$ deux espaces projectifs. Considérons une application projective f de $P_n(K)$ dans $P_m(K)$ qui soit *définie sur k*, c'est-à-dire telle qu'un système de coordonnées homogènes (y) du point $f(x)$ soit donné par des formules linéaires à coefficients dans k:

$$y_j = \sum_{i=0}^{n} a_{ji} x_i \quad (a_{ji} \in k, \; 0 \leq j \leq m).$$

Comme dans le cas affine on peut, par changement de coordonnées, supposer les formes $Y_j = \sum_{i=0}^{n} a_{ji} X_i$ linéairement indépendantes. On peut aussi supposer que f applique P_n sur P_m. La variété linéaire D de P_n ayant $\left(\sum_{i=0}^{n} a_{ji} X_i = 0 \right) (0 \leq j \leq m)$ pour équations s'appelle le *centre* de la projection f. Notons que $f(x)$ n'est pas défini quand $(x) \in D$. Ici encore D détermine essentiellement la projection f; et celle-ci est essentiellement un «passage au quotient». Si D est de dimension d, la dimension de $f(P_n)$ est $n - d - 1$ (nombre d'équations de D moins 1). Pour un point $(x) \notin D$, la variété linéaire de dimension $d + 1$ déterminée par D et (x) s'appelle la *projetante* de (x).

b) — Soit H un k-ensemble de P_n et soit $\mathfrak{a}$ son idéal homogène dans $k[X]$. Supposons, pour simplifier, les $Y_j = \sum\limits_{i=0}^{n} a_{ji} X_i$ linéairement indépendants; alors $k[Y]$ est un sous anneau de polynômes de $k[X]$. L'idéal $\mathfrak{a}' = \mathfrak{a} \cap k[Y]$ est égal à son radical, et est donc l'idéal d'un k-ensemble H' de P_m. Il est clair que $f(H) \subset H'$. Si les composantes de H sont les (V_a), celles de H' sont parmi les (V'_a).

Nous allons montrer que, contrairement à ce qui se passe dans le cas affine, *on a $f(H) = H'$* dans un sens qui va être précisé. On peut se borner au cas où H est irréductible. Si (x) est un système de coordonnées strictement homogènes d'un point générique de H, alors $(y) = f(x)$ est un système de coordonnées strictement homogènes d'un point générique de H'. Soit (y'), un point de H'; en étendant la spécialisation $(y) \to (y')$ en une *place h* de $k(x)$, en considérant la valuation associée à h, et en remplaçant (x) par un système de quantités proportionnelles, on peut supposer que les quantités $h(x_i)$ sont finies et non toutes nulles (cf. § 2, n° 4); alors $(h(x_i))$ est un point de H pour lequel il existe t dans K tel que $ty'_j = \sum\limits_{i=0}^{n} a_{ji} h(x_i)$. Il peut arriver que t soit nul, c'est-à-dire que $(x') = (h(x_i))$ soit un point du centre D de la projection f, auquel cas $f(x')$ n'est pas défini. Cependant le fait que (x', ty') soit une spécialisation de (x, y) nous conduit à dire, par abus de langage, que (y') est projection de (x') par f.

La correspondance entre les points (x') de $H \cap D$ et leurs «projections» dépend essentiellement de H. Un tel point peut avoir plusieurs projections; on peut montrer que les projetantes correspondant à ces projections sont celles qui sont contenues dans le cône des tangentes (cf. chap. II, § 3) à H en (x'). Il est donc bon de n'employer l'égalité $f(H) = H'$ qu'avec précaution.

c) — Soient f une projection de P_n, V une k-variété de P_n, (x) un système de coordonnées strictement homogènes d'un point générique P de V. Alors les degrés $[k(x) : k(f(x))]$ et $[k(P) : k(f(P))]$ sont égaux puisque les corps figurant dans le premier sont extensions transcendantes simples, obtenues par adjonction d'un même élément (y_0 par exemple), de ceux figurant dans le second (§ 2, n° 2). On appelle ce degré *l'indice de projection* de V sur $f(V)$. Lorsque cet indice de projection est *infini*, la k-variété V *a des points communs avec le centre D de f*. En effet, soit (x) un système de coordonnées strictement homogènes d'un point générique de V; posons $(y) = f(x)$; et supposons, par exemple, que x_0

soit transcendant sur $k(y)$. Etendons la spécialisation $(y) \to (0)$ en $(y, x_0) \to (0, 1)$, puis en une place h de $k(x)$; il existe (cf. § 2, n° 4) t dans K tel que les $h(t\,x_i)$ soient finis et non tous nuls; comme $h(x_0) = 1$, $h(t)$ est fini. Alors $(h(t\,x_i))$ est un point de V, et, comme $\sum\limits_{i=0}^{n} a_{ji} h(t\,x_i) =$

$= h(t)\, h\left(\sum\limits_{i=0}^{n} a_{ji} x_i \right) = 0$, on a $(h(t\,x_i)) \in D$.

3 — Relations entre projections affines et projectives.

Soit f une projection de A_n dans A_m définie par $y_j = b_j + \sum\limits_{i=1}^{n} a_{ji}\, x_i$ $(a_{ji} \in k)$. Identifions A_n et A_m avec les compléments des hyperplans $X_0 = 0$, $Y_0 = 0$ dans P_n et P_m (§ 2, n° 6). Les formules

$$y_0 = x_0, \quad y_j = b_j\, x_0 + \sum\limits_{i=1}^{n} a_{ji}\, x_i \quad (j = 1, \ldots, m)$$

définissent une projection $\bar{f}$ de P_n dans P_m telle que, pour tout point à distance finie Q de P_n, on ait $f(Q) = \bar{f}(Q)$. Le centre de f est à l'infini, et les projetantes de $\bar{f}$ ne sont autres que les variétés linéaires parallèles à la direction de f. La projection $\bar{f}$ est appelée *l'extension projective* de f. Pour tout k-ensemble H de A_n, notons $\bar{H}$ la fermeture projective de H (§ 2, n° 6); alors $\bar{f}(\bar{H})$ est la fermeture projective de $f(H)$. Si V est une k-variété de A_n, les indices de projection de V par f et de $\bar{V}$ par $\bar{f}$ sont égaux.

4 — Forme géométrique du lemme de normalisation.

a) – Dans tout ce n° nous supposerons que k est un corps *infini*. Notons d'abord le résultat suivant: étant donné un k-ensemble $H \neq P_n$ de P_n, il existe un hyperplan L^{n-1}* qui ne contient aucune composante C_i de H (en effet les hyperplans qui contiennent C_i forment, dans l'espace projectif dual de P_n, un sous-ensemble algébrique propre). Par applications répétées on en déduit que, étant donnés un k-ensemble H^d et un entier q, il existe une variété linéaire L^{n-q} telle que toutes les composantes de $L \cap H$ soient de dimension $\leq d - q$.

Nous verrons plus loin que, si H est équidimensionnel (§ 1, n° 3,e)), ces composantes sont, en fait, de dimension $d - q$ (cf. § 5).

En particulier il existe une L^{n-d} telle que $L^{n-d} \cap H$ se réduise à un nombre fini de points, et une L^{n-d-1} telle que $L^{n-d-1} \cap H$ soit vide.

b) – Considérons maintenant une k-variété V^d de P_n, que nous supposerons non contenue dans l'hyperplan à l'infini $X_0 = 0$. En

---

* Dans la notation V^d (V désignant un k-ensemble), l'indice d désigne la dimension de V; la phrase «considérons un k-ensemble V^d» veut dire «considérons un k-ensemble V de dimension d». Nous noterons systématiquement L les variétés linéaires; et nous dirons «une L^d» pour «une variété linéaire de dimension d».

appliquant ce qui précède à la trace de V sur cet hyperplan, on voit qu'il existe une variété linéaire D^{n-d-1} à l'infini telle que $D \cap V = \theta$. Soit $\left(X_0 = 0, \ Y_j = \sum_{i=1}^{n} a_{ji} X_j = 0 \ (j = 1, \ldots, d) \right)$ un système d'équations de D. Celui-ci définit une projection f de centre D de P_n sur P_{d+1} (n° 2, a)). Comme $D \cap V$ est vide, f est partout définie sur V, et l'indice de projection de V sur $f(V)$ est fini (n° 2, c)); ainsi $f(V)$ est de dimension d, et c'est donc P_d (définie par une seule équation; cf. § 1, n° 6). Exprimons maintenant en termes d'idéaux le fait que $D \cap V$ est vide. Soit $\mathfrak{a}$ l'idéal homogène de V dans $k[X]$. Alors l'idéal $\mathfrak{J} = (\mathfrak{a}, Y_1, \ldots, Y_d, X_0)$ est impropre (§ 2, n° 3, b)); autrement dit tous les monômes (m_s) de degré q suffisamment grand en les X_i sont dans $\mathfrak{J}$: on a $m_s \equiv \sum_{j=0}^{d} A_{sj} Y_j$ (mod. $\mathfrak{a}$), où l'on pose $Y_0 = X_0$, et où les A_{sj} sont des formes de degré $q - 1$. En passant à l'anneau de coordonnées affines $k[x_1, \ldots, x_n]$ de V, en posant $y_j = a_{j0} + \sum_{i=1}^{n} a_{ji} x_i$ $(j = 1, \ldots, d)$, et en notant $\mathfrak{M}$ le k-module des polynômes de degré $\leq q - 1$ en les x_i, ceci implique que tout monôme de degré $\leq q$ en les x_i est dans $\mathfrak{M} + y_1 \mathfrak{M} + \cdots + y_d \mathfrak{M}$; on en déduit par récurrence sur le degré que $k[x] = \mathfrak{M} \cdot k[y]$, c'est-à-dire, puisque $\mathfrak{M}$ est de dimension finie sur k, que $k[x]$ est un module de type fini, et est donc entier, sur $k[y]$ (R. a.). On retrouve le *lemme de normalisation de* E. NOETHER.

Remarques — 1) Une autre démonstration géométrique est la suivante: aucun point à l'infini de V n'a sa projection à distance finie, puisque D est à l'infini et que $D \cap V = \theta$; donc toute extension $(y, x) \to (y', x')$ d'une spécialisation finie $(y) \to (y')$ sur k est finie; et ceci est une caractérisation des éléments entiers (R, b).

2) Dans le lemme de normalisation il est utile de montrer que, si $k(x)$ est séparable sur k, alors (y) peut être choisi de sorte que $k(x)$ soit algébrique séparable sur $k(y)$. Géométriquement ceci veut dire que les projetantes de V ne sont pas toutes tangentes à V (cf. chap. II).

3) Un raisonnement analogue (ou les passage aux cônes représentatifs) montre que, si le centre de projection D ne rencontre pas V, l'anneau de coordonnées homogènes de V est entier sur celui de sa projection.

§ 4 — Produits.

1 — Produits d'ensembles algébriques affines.

a) — Soient $A^n(K)$, $A^{n'}(K)$ deux espaces affines, H et H' des k-ensembles dans A^n et $A^{n'}$. Le produit $A^n \times A^{n'}$ est un espace affine $A^{n+n'}$. Nous allons montrer que l'ensemble produit $H \times H'$ *est un ensemble algébrique*. Identifions en effet $k[X_1, \ldots, X_n]$ et $k[X'_1, \ldots, X'_{n'}]$ à des sous-anneaux de $k[X, X']$, et considérons l'idéal $\mathfrak{J} = (\mathfrak{a}, \mathfrak{a}')$ engendré dans cet anneau par les idéaux $\mathfrak{a}, \mathfrak{a}'$ de H, H'. Il est clair que tout point de $H \times H'$ est un zéro de $\mathfrak{J}$, et que tout zéro de $\mathfrak{J}$ est un point de $H \times H'$. Donc $H \times H'$ est l'ensemble algébrique $V_K(\mathfrak{J})$.

b) – L'idéal $\mathfrak{J}$ n'est pas nécessairement l'idéal de $H \times H'$. En effet $k[X, X']/\mathfrak{J}$ est le produit tensoriel (sur k) de $k[X]/\mathfrak{a}$ et de $k[X']/\mathfrak{a}'$ et peut avoir des éléments nilpotents en caractéristique $p \neq 0$; cependant ceci n'arrive pas en caractéristique 0 (considérer $k[X]/\mathfrak{a}$ et $k[X']/\mathfrak{a}'$ comme sous anneaux de produits finis d'anneaux d'intégrité, c.-à-d. de corps) (R. a.). D'autre part H et H' peuvent être irréductibles sans que $H \times H'$ le soit (considérer $\mathfrak{a} = (X^2 + 1)$, $\mathfrak{a}' = (X'^2 + 1)$ sur le corps des réels; on a $(X + X')(X - X') \in \mathfrak{J}$). Nous verrons comment ces difficultés disparaissent grâce à la notion de variété (§ 7, n° 3).

c) – Supposons H et H' *irréductibles*, et de dimensions d et d'. Les composantes de $H \times H'$ correspondent aux idéaux premiers minimaux $\mathfrak{P}_i$ de $k[X, X']/\mathfrak{J}$ (R. b.), qui est produit tensoriel des anneaux de coordonnées $k[x]$ et $k[x']$ de H et H'. Soient $(y_1, \ldots, y_d)$ (resp. $(y'_1, \ldots, y'_{d'})$) des éléments de $k[\dot{x}]$ (resp. $k[x']$) qui soient algébrique-ment indépendants sur k; alors $B = k[y] \otimes k[y']$ est un sous anneau d'intégrité de $A = k[x] \otimes k[x']$. Si (u_i) (resp. u'_j) est une base (linéaire) de $k(x)$ sur $k(y)$ (resp. de $k(x')$ sur $k(y')$) contenue dans $k[x]$ (resp. $k[x']$), on vérifie aisément que les produits $u_i \otimes u_j$ sont linéairement indépendants sur B. Si un élément non nul b de B satisfait à $ba = 0$ avec a dans A, on a, par multiplication de a par un élément convenable de la forme $c \otimes c'$ $(c \in k[y], c' \in k[y'])$, $(c \otimes c') a = \sum_{i,j} d_{ij} (u_i \otimes u'_j)$ $(d_{ij} \in B)$; d'où $0 = \sum_{i,j} b d_{ij} (u_i \otimes u'_j)$, $d_{ij} = 0$, et $(c \otimes c') a = 0$; or les éléments c et c' ne sont évidemment pas diviseurs de zéro dans A; et ceci implique $a = 0$. Ainsi aucun élément non nul de B n'est diviseur de zéro dans A, et, comme $\mathfrak{P}_i$ se compose uniquement de diviseurs de zéro (R, b.), on a $\mathfrak{P}_i \cap B = (0)$. Donc $A/\mathfrak{P}_i$ contient un sous anneau isomorphe à l'anneau de polynômes B, et son degré de transcendance sur k est $\geq d + d'$. Comme celui ci est évidemment aussi $\leq d + d'$, nous concluons que *toutes les composantes de $H \times H'$ sont de dimension $d + d'$*.

2 — Produits d'ensembles algébriques projectifs.

a) – Un point de $P_n(K) \times P_{n'}(K)$ peut être repéré par $n + n' + 2$ coordonnées (x_i) $(i = 0, \ldots, n)$, (x'_j) $(j = 0, \ldots, n')$, deux tels systèmes (x_i, x'_j), (y_i, y'_j) repérant le même point si et seulement s'il existe deux éléments non nuls t, u de K tels que $y_i = u x_i, y'_j = t x'_j$. Un sous ensemble H d'un tel produit est dit algébrique s'il est l'ensemble des zéros d'une famille $\mathfrak{F}$ de polynomes $P(X, X')$ de $k[X_0, \ldots, X_n, X'_0, \ldots, X'_{n'}]$ qui sont homogènes à la fois par rapport aux variables X_i et aux variables X'_j: $P(uX, tX') = u^a t^b P(X, X')$ (cf. § 2, n° 4). La correspondance entre les ensembles algébriques (ou k-ensembles) de $P_n \times P_{n'}$ et les idéaux bihomogènes de $k[X, X']$ a les propriétés usuelles (cf. §§ 1 et 2); ces ensembles sont dits *biprojectifs*. On définit, par exemple, les k-ensembles biprojectifs irréductibles (ou k-variétés biprojectives), et leurs points génériques.

b) – Si H et H' sont des k-ensembles de P_n et $P_{n'}$, d'idéaux $\mathfrak{a}$ et $\mathfrak{a}'$ dans $k[X]$ et $k[X']$, l'ensemble produit $H \times H'$ est algébrique: c'est l'ensemble des zéros de l'idéal bihomogène de $k[X, X']$ engendré par $\mathfrak{a}$ et $\mathfrak{a}'$.

c) – On notera que, si l'on fait choix d'hyperplans à l'infini dans P_n et $P_{n'}$ (par exemple $X_0 = 0$ et $X'_0 = 0$), l'espace affine produit $A_n \times A_{n'}$ s'identifie à un sous ensemble de $P_n \times P_{n'}$. La correspondance entre les k-ensembles affines et leurs «fermetures biprojectives» a les propriétés usuelles (§ 2, n° 6). Lorsque H et H' sont des k-ensembles de A_n et $A_{n'}$, la fermeture biprojective de $H \times H'$ est égale au produit des fermetures projectives de H et H'.

3 — La variété de Segre.

a) – Nous cherchons à identifier l'espace biprojectif $P_n \times P_{n'}$ à un sous ensemble de quelqu'espace projectif P_N. Nous dirons qu'une application h de $P_n \times P_{n'}$ dans P_N est *rationnelle* s'il existe $N + 1$ polynômes h_q sur k bihomogènes et de mêmes degrés tels que, à tout point (x, x') de $P_n \times P_{n'}$, h fasse correspondre le point $(h_q(x, x'))$ de P_N; on remarquera que ceci a un sens, car le point $(h_q(x, x'))$ ne dépend que des points (x) et (x'). Notons aussi que, si H est une k-variété biprojective, son image $h(H)$ est une k-variété projective: si (x, x') est un point générique de H, $(h_q(x, x'))$ est un point générique de $h(H)$; par réunion finie on étend cette propriété aux k-ensembles. En particulier $h(P_n \times P_{n'})$ est une k-variété de P_N.

b) – Lorsque les degrés (a, a') des $h_q(x, x')$ par rapport aux x_i et aux x'_j sont fixés, les k-variétés $h(P_n \times P_{n'})$ sont toutes *projections* de la même k-variété $h^{(a,a')}(P_n \times P_{n'})$, pour laquelle les coordonnées du point $h^{(a,a')}(x, x')$ sont tous les produits d'un monôme de degré a en les x_i et d'un monôme de degré a' en les x'_j; on a alors $N = \binom{n+a}{a}\binom{n'+a'}{a'} - 1$. Lorsque a et a' sont > 1, l'application $h^{(a,a')}$ est *biunivoque*. Ainsi l'on peut dire que $h^{(a,a')}(P_n \times P_{n'})$ est un *modèle projectif* de l'espace biprojectif $P_n \times P_{n'}$, et même un modèle *universel* puisque tout autre du même type en est une projection. Les sous k-ensembles et sous k-variétés d'un tel modèle sont en correspondance biunivoque avec ceux de $P_n \times P_{n'}$.

c) – Lorsque $a = a' = 1$, le modèle universel est appelé la *variété de* SEGRE, et se note $S_{n,n'}$; il admet la «représentation paramétrique» $z_q = x_i x'_j$ $(q = 0, \ldots, N = (n + 1)(n' + 1) - 1)$. Les espaces coordonnées $P_n \times (x')$, $(x) \times P_{n'}$, correspondent à deux familles de sous variétés linéaires de $S_{n,n'}$, deux variétés d'une même famille n'ayant pas de point commun, et deux variétés de familles distinctes ayant un point commun et un seul. Pour $n = n' = 1$, la variété de SEGRE $S_{1,1}$ est une quadrique ($XT - YZ = 0$) de l'espace ordinaire P_3. Les coordonnées $z_{ij} = x_i x_j'$ des points de la variété de SEGRE $S_{n,n'}$ annulent les polynômes quadratiques ($Z_{ij}Z_{i'j'} - Z_{ij'}Z_{i'j}$); on démontre que ceux-ci forment un système de générateurs de l'idéal de $S_{n,n'}$.

d) – Lorsque $n = n'$, une importante sous-variété de $P_n \times P_n$ est la *diagonale* Δ, ensemble des points (x, x). C'est évidemment une k-variété, birationnellement équivalente à P_n. Son image dans $h^{(a,a')}(P_n \times P_n)$ est «paramétrée» par les monômes de degré $a + a'$ en les x_i (certains étant répétés). En ne prenant qu'un seul monôme de chaque sorte, on obtient une projection de cette image, en correspondance biunivoque avec celle-ci et donc avec P_n: les coordonnées homogènes du point correspondant au point (x) de P_n sont les $\binom{n+a+a'}{n}$ monômes de degré $a + a'$ en les x_i. La k-variété en question ne dépend que de l'entier $r = a + a'$ (qui prend toutes les valeurs ≥ 2); on l'appelle le *modèle r-uple* de P_n; l'image canonique dans ce modèle d'un k-ensemble H de P_n est appelée le *modèle r-uple de H* et est notée $H_{(r)}$. Quand H est une k-variété, $H_{(r)}$ est une k-variété birationnellement équivalente à H. Les sections de $H_{(r)}$ par les hyperplans de l'espace projectif où elle est plongée correspondent aux sections de H par les hypersurfaces de degré r de P_n. Le modèle double de P_n (de représentation paramétrique ($z_{ij} = x_i x_j$) pour $0 \leq i \leq j \leq n$) s'appelle la *variété de Veronese* de dimension n.

Toutes les correspondances birationnelles biunivoques rencontrées dans ce n° sont, en fait, *birégulières*, comme on le voit aussitôt (voir la définition de «birégulière» au chap. II, § 1).

§ 5 — Intersections d'ensembles algébriques.

Nous avons vu (§ 1, n° 2 et § 2, n° 1) que l'intersection $V \cap W$ de deux k-ensembles (affines ou projectifs) est un k-ensemble. Nous nous proposons de démontrer le résultat suivant:

Théorème – Soient V, W deux k-variétés de A_n (ou P_n). Toute composante de $V \cap W$ est de dimension au moins égale à $\dim(V) + \dim(W) - n$, *Lorsque V et W sont des k-variétés projectives telles que* $\dim(V) + \dim(W) - n \geq 0$, *alors $V \cap W$ n'est pas vide.*

a) – La situation algébrique est la suivante dans le cas affine (situation analogue dans le cas projectif). Soient $\mathfrak{I}(V)$, $\mathfrak{I}(W)$ les idéaux de V et W dans $k[X]$. L'intersection $V \cap W$ est l'ensemble $V_K(\mathfrak{I}(V) + \mathfrak{I}(W))$; ses composantes C_i correspondent donc aux idéaux premiers minimaux $\mathfrak{p}_i$ de l'idéal $\mathfrak{I}(V) + \mathfrak{I}(W)$ (R. a.), ou encore, dans l'anneau de coordonnées de V (resp. W), aux idéaux premiers minimaux de $(\mathfrak{I}(V) + \mathfrak{I}(W))/\mathfrak{I}(V)$ (resp. $\mathfrak{I}(V) + \mathfrak{I}(W)/\mathfrak{I}(W)$). La dimension de C_i est le degré de transcendance sur k de l'anneau d'intégrité $k[X]/\mathfrak{p}_i$ (resp. $k[x]/\mathfrak{p}_i/\mathfrak{I}(V)$, $k[x]$ désignant l'anneau de coordonnées de V).

b) — Nous démontrerons d'abord la première assertion du théorème dans le cas où V et W sont *projectives*, et où W est un *hyperplan*. On peut supposer $V \not\subset W$, sinon c'est trivial. Choisissons (§ 3, n° 4,a)) un hyperplan à l'infini ne contenant aucune composante de $V \cap W$. Soit $A = k[x]$ l'anneau de coordonnées affines de V, et soit u la classe dans A d'une équation de W. Il existe (§ 3, n° 4,b)) d ($= \dim(V)$) combinaisons linéaires $y_1 = u$, $y_2, \ldots, y_d$ des x_i telles que $A = k[x]$ soit entier sur $A' = k[y]$. Soient $\mathfrak{p}_i$ les idéaux premiers minimaux de Au dans A (correspondant aux composantes C_i de $V \cap W$). Le radical $\mathfrak{R}$ de Au est $\bigcap_i \mathfrak{p}_i$, et $\bigcup_i (\mathfrak{p}_i/\mathfrak{R})$ est l'ensemble des diviseurs de zéro de $A/\mathfrak{R}$ (R. b.).

Notons d'abord que $A' \cap \mathfrak{R} = A'u$: en effet, si z est un élément de A' tel que $z^q \in Au$, alors z^q/u est entier sur A' et on a

$$(z^q)^s + a_{s-1}(z^q)^{s-1} u + \cdots + a_1 z^q u^{s-1} + a_0 u^s = 0$$

avec $a_j \in A'$; ainsi z^{qs} est un multiple d'une des variables u de l'anneau de polynômes A'; d'où $z \in A'u$. Donc $A'/A'u$ est un sous-anneau de $A/\mathfrak{R}$.

Montrons maintenant qu'aucun élément non nul de $A'/A'u$ n'est diviseur de zéro dans $A/\mathfrak{R}$. Considérons un élément d' de A' tel que $d' \notin A'u$, et un élément a de A tel que $d'a \in \mathfrak{R}$, c'est-à-dire tel que $(d'a)^q \in Au$. En posant $d'^q = e'$ et $a^q = \delta$, ceci s'écrit $e'b = uc$ ($c \in A$). Les polynômes minimaux $b^s + b'_1 b^{s-1} + \cdots + b'_s = 0$ et $c^s + c'_1 c^{s-1} + \cdots + c'_s = 0$ de b et c sur $k(y)$ sont des équations de dépendance intégrale sur A' puisque A' est intégralement clos (R. c.); leurs coefficients b'_j, c'_j sont (au signe près) les fonctions symétriques élémentaires des conjugués de b, c sur $k(y)$ (éventuellement répétés). De $e'b = uc$ (e', $u \in A'$) l'on déduit donc $e'^j b'_j = u^j c'_j$, ce qui implique, comme e' n'est pas multiple de u dans A', que l'on a $b'_j = u^j b''_j$ avec b''_j dans A'. Par conséquent l'on a $b^s \in Au$, d'où $a^{sq} \in Au$, et $a \in \mathfrak{R}$. Notre assertion est démontrée.

Considérons enfin $\mathfrak{p}_i \cap A'$. Comme cet idéal se compose de diviseurs de zéro mod. $\mathfrak{R}$, on a $\mathfrak{p}_i \cap A' = A'u$, et $A'/A'u$ est un sous-anneau de $A/\mathfrak{p}_i$, sur lequel $A/\mathfrak{p}_i$ est entier. Comme $A'/A'u$ est de degré de transcendance $d - 1$ sur k, il en est de même de $A/\mathfrak{p}_i$. Par conséquent l'on a $\dim(C_i) = d - 1 = \dim(V) + \dim(W) - n$.

Remarques — 1) La démonstration qui vient d'être faite suppose que le corps de base k est infini. On peut se débarrasser de cette hypothèse par extension transcendante simple de k. La théorie de telles extensions du corps de base est très aisée (bien plus que celle donnée au § 7).

2) La démonstration qui vient d'être faite est essentiellement un cas particulier du «going down theorem» de COHEN et SEIDENBERG. D'ailleurs le fait que tout idéal premier minimal $\mathfrak{p}_i$ de Au se «contracte» en $A'u$ dans A' est une conséquence facile de ce «going down theorem».

c) — Par fermeture projective (§ 2, n° 6) on déduit de ceci que la formule $\dim(C_i) \geq \dim(V) + \dim(W) - n = \dim(V) - 1$ est vraie dans le cas affine, lorsque W est un hyperplan. Lorsque W est une variété linéaire L^{n-r}, c'est une intersection de r hyperplans, et l'inégalité précédente donne aussitôt $\dim(C_i) \geqq \dim(V) - r = \dim(V) + \dim(W) - n$ par récurrence sur r.

d) − Passons maintenant à deux k-variétés quelconques V, W de A_n. Introduisons leur produit $V \times W$ et la diagonale Δ de $A_n \times A_n$. La projection de Δ sur le premier facteur, qui est birationnelle et biunivoque, fait correspondre les composantes C_i de $V \cap W$ à celles de $(V \times W) \cap \Delta$, avec conservation des dimensions. Or $V \times W$ a toutes ses composantes de dimension $\dim(V) + \dim(W)$ (§ 4, n° 1,c)), et Δ est une variété linéaire de dimension n. Le résultat précédent donne alors $\dim(C_i) \geqq \dim(V) + \dim(W) - n$, c'est à dire la formule cherchée dans le cas affine.

e) − Traitons enfin le cas de deux k-variétés projectives V, W. Introduisons leurs cônes représentatifs V', W' dans A_{n+1} (§ 2, n° 1). Les composantes C_i de $V \cap W$ ont pour cônes représentatifs les composantes C'_j de $V' \cap W'$. Le cas précédent donne alors $\dim(C_i) + 1 = \dim(C'_i) \geqq$

$$\dim(V') + \dim(W') - (n + 1) = \dim(V) + \dim(W) - n + 1 \, ,$$

ce qui est l'inégalité cherchée. D'autre part, si $\dim(V) + \dim(W) - n$ est $\geqq 0$, on a $\dim(V') + \dim(W') - (n + 1) \geqq 1$, et les composantes de $V' \cap W'$ (qui existent puisque V' et W' ont au moins l'origine en commun) sont des cônes non réduits à l'origine ; alors $V \cap W \neq \theta$, ce qui démontre notre seconde assertion.

On notera que, dans le cas affine, $V \cap W$ peut être vide même si $\dim(V) + \dim(W) - n \geqq 0$ (droites parallèles dans le plan).

Donnons maintenant deux résultats utiles :

f) − Par récurrence l'on voit que, si $V_1, \ldots, V_q$ sont des k-ensembles (affines ou projectifs), les composantes C_i de $\bigcap_j V_j$ satisfont à $\dim(C_i) \geqq \sum_j \dim(V_j) - (q - 1)n$. De plus si, dans le cas projectif, le second membre est $\geqq 0$, $\bigcap_j V_j$ n'est pas vide. En particulier, pour $q \leqq n$, q formes à $n + 1$ variables sur k ont toujours un zéro commun non trivial (c.-à-d. $\neq (0, \ldots, 0)$) dans K. D'autre part, dans A_n, l'intersection de q hypersurfaces est vide ou de dimension $\geqq n - q$; autrement dit, si un idéal $\mathfrak{a}$ de $k[X_1, \ldots, X_n]$ est engendré par q polynômes, $V_K(\mathfrak{a})$ est vide ou de dimension $\geqq n - q$.

g) − Soient V^r et W^s deux k-variétés (affines ou projectives) telles que $V \subset W$ et que $V \neq W$ (c.-à-d. $r < s$). Dans l'anneau de coordonnées A de W, prenons un élément $u \neq 0$ contenu dans l'idéal de V ; soient $U(X)$ un polynôme ayant u pour image canonique dans A, et H l'hypersurface définie par $U(X) = 0$. Les composantes de $H \cap W$ contiennent toutes V, et, comme elles sont distinctes de W ($u \neq 0$), elles sont toutes de dimension $\dim(W) - 1 = s - 1$. Soit W_1 l'une d'elles. Par applications

répétées on obtient une suite strictement décroissante $W_0 = W, W_1, \ldots,$
$W_{s-r} = V$ de k-variétés de dimensions $s, s -1, \ldots, r$ joignant W à V
(ou encore une suite strictement croissante de $s - r + 1$ idéaux premiers
de $k[X]$ joignant $\mathfrak{J}_k(W)$ à $\mathfrak{J}_k(V)$).

§ 6 — Normalisation.

a) — On dit qu'une k-variété de l'espace affine (resp. projectif) est
affinement (resp. *projectivement) normale* sur k si son anneau de coordonnées affines (resp. homogènes) est *intégralement clos*. Notons que,
pour qu'une k-variété projective soit projectivement normale, il faut
et il suffit que son cône représentatif (§ 2, n° 1) soit affinement normal.
La fermeture projective d'une k-variété affinement normale n'est pas
nécéssairement projectivement normale (exemple de la courbe plane
$XY^2 - 1 = 0$). Par contre une k-variété projectivement normale est
affinement normale pour tout choix de l'hyperplan à l'infini: en effet
si A désigne l'anneau de coordonnées affines $k[y_1/y_0, \ldots, y_n/y_0]$, et si
$B = k[x_0, \ldots, x_n]$ est l'anneau de coordannées homogénes correspondant, on a $A = k(y_1/y_0, \ldots, y_n/y_0) \cap B_M$ où M designe le système
multiplicativement stable des puissances de y_0; on applique alors (R.a).
Un exemple simple de courbe plane affinement normale est le suivant:
une courbe dont le point générique (x, y) satisfait à $y^2 = P(x)$, où P
est un polynôme irréductible sur k (vérification élémentaire analogue à
la détermination des entiers d'un corps quadratique).

b) — Etant donnée une k-variété *affine* V, on appelle *modèle normal*
de V toute k-variété affine V° dont l'anneau de coordonnées affines est
k-isomorphe à la clôture intégrale de celui de V. L'existence de V°
résulte aussitôt de ce que la clôture intégrale de l'anneau d'intégrité
fini $k[x]$ (qui est l'anneau de coordonnées affines de V) est un anneau
d'intégrité fini $k[y]$ (R. c.): on prend pour V° le lieu de (y), ou de (x, y)
car $k[y] = k[x, y]$, sur k; dans le second cas V est une projection de V°.
Par définition tout modèle normal de V est birationnellement équivalent à V.

c) — La situation est moins simple dans le cas *projectif*. La clôture
intégrale A' de l'anneau de coordonnées homogènes $A = k[x]$ de
la k-variété V est, en tous cas, un domaine d'intégrité fini
$A' = k[y_0, \ldots, y_q]$ (R. c.). Nous allons d'abord montrer que c'est
un anneau *gradué* (par un degré prolongeant celui de A). Soit, en
effet, $u = (a_0 + \cdots + a_n) / (b_0 + \cdots + b_q)$ un élément de A', a_i et b_i
désignant des éléments homogènes et de degré i de A. Introduisons
une indéterminée T. En écrivant que u est entier sur A, on voit que
l'élément $(a_0 + \cdots + a_n T^n) / (b_0 + \cdots + b_q T^q)$ est entier sur $A[T]$,
donc sur $k(x)[T]$; c'est donc un élément de $k(x)[T]$ (R. d.); en particulier

on a $n \geq q$, et cet élément s'écrit $r_0 + \cdots + r_{n-q} T^{n-q}$ avec $r_i \in k(x)$; et l'on constate que r_i est un élément homogène de degré i de $k(x)$, c'est-à-dire un quotient d'éléments homogènes de degrés $s + i$ et s de $A = k[x]$. Ainsi, en faisant $T = 1$, on a $u = r_0 + \cdots + r_{n-q}$. Comme u admet un dénominateur homogène, le fait que A' est un A-module de type fini montre que les éléments de A' admettent un dénominateur commun homogène $d \in A$. En appliquant ceci aux puissances u^s, on voit, en écrivant $u = (1/d)(a_t + a_{t+1} + \cdots + a_v)$ (a_i homogène de degré i dans A, a_t et $a_v \neq 0$), que $(a_t + \cdots + a_v)^s \in A d^{s-1}$; donc, par homogénéité, $(a_t)^s$ est multiple de d^{s-1}, ce qui montre que les puissances de (a_t/d) ont d pour dénominateur commun, et donc que (a_t/d) est entier sur A puisque A est noethérien (R. e.). Par applications répétées il s'ensuit que les composantes homogènes de u sont toutes entières sur A. Ceci démontre notre assertion que A' est un anneau gradué. Nous pouvons supposer que ses générateurs y_j sont homogènes (leurs degrés étant évidemment positifs).

Mais il ne résulte pas de ceci que $k[y]$ soit un anneau de coordonnées homogènes. D'abord l'ensemble des éléments de degré 0 de $k[y]$ peut être distinct de k; c'est d'ailleurs la fermeture algébrique de k dans $k(x)$; et ce corps est égal à k lorsque k est algébriquement fermé dans $k(x)$ (c'est le cas lorsque V est une variété; cf. § 7).

D'autre part $k[y]$, bien qu'engendré par des éléments homogènes, n'est pas nécessairement engendré par des éléments homogènes et de *degré un*. On peut cependant affirmer qu'il existe un entier h tel que tous les monômes en les y_j dont le degré (pour la graduation de A') est multiple de h sont des produits de monômes en les y_j de degré h. La démonstration de ceci est de la pure arithmétique élémentaire. Notons d_j le degré de y_j. Il va nous suffir de montrer l'existence d'un entier h tel que, pour tout système d'entiers (n_j) tel que $\sum_j n_j d_j \geq 2h$, il existe un système d'entiers (n_j') tels que $n_j' \leq n_j$ et que $\sum_j n_j' d_j = h$.

Pour cela on procède par récurrence sur le nombre q des y_j, le cas $q = 1$ étant trivial (avec $h = d_1$). Soit h' un entier tel que, si $m_2 d_2 + \cdots + m_q d_q \geq 2h'$, alors il existe des $m_i' \leq m_i$ tels que $m_2' d_2 + \cdots + m_q' d_q = h'$; comme on peut remplacer h' par un multiple, supposons h' multiple de d_1, soit $h' = d_1 h''$. Prenons pour h un multiple $h'u$ de h'. Soient n_j des entiers tels que $n_1 d_1 + \cdots + n_q d_q \geq 2h$ et soit s le quotient euclidien de $n_2 d_2 + \cdots + n_q d_q$ par h'. Par applications répétées de l'hypothèse de récurrence, il existe $n_2', \ldots, n_q'$ tels que $n_i' \leq n_i$ et que $n_i' d_2 + \cdots + n_q' d_q = (s-1) h'$. On a alors $n_1 d_1 \geq h'(2u - s - 1)$, et, si $u \geq 2$, on peut choisir $n_1' = (u - s + 1) h''$. En effet on a d'une part $n_1' \leq n_1$ (car $h' = d_1 h''$), et de l'autre

$$n_1' d_1 + n_2' d_2 + \cdots + n_q' d_q = (u - s + 1) h' + (s - 1) h' = uh' = h. \quad \text{c.q.f.d.}$$

Considérons alors l'anneau A° engendré sur k par les monômes (u_s) en les y_j qui sont de degré h (pour la graduation de A'). Lorsque k est algébriquement fermé dans $k(x)$, A° est intégralement clos, ce que nous supposerons (sinon il ne diffère de sa clôture intégrale que par des éléments de degré 0, et le conducteur (R. f.) de celle-ci est l'idéal des éléments de degré > 0). Alors A° est l'anneau de coordonnées homogènes d'une k-variété V° (lieu de (u_s) sur k), et est la clôture intégrale de l'anneau engendré par les monômes (v_t) de degré h en les x_i. Donc V° est un modèle normal (au sens projectif) du lieu de (v_t) sur k, c'est-à-dire du *modèle h-uple $V_{(h)}$* de V (§ 4, n° 3,e)). Ainsi, quoique V n'admette pas toujours de modèle normal au sens strict, la k-variété $V_{(h)}$ qui n'en diffère pas essentiellement en admet un, soit V°. On dira que V° est un *modèle normal* (projectif) de V. Ici encore on peut choisir V° de sorte que $V_{(h)}$ en soit une projection; d'ailleurs l'application de $V_{(h)}$ sur V peut être aussi regardée comme une projection (parmi les monômes de degré h, considérer ceux qui sont multiples d'un même monôme de degré $h-1$).

d) — Donnons enfin une *caractérisation géométrique* des k-variétés projectivement normales. Soient V' une k-variété projective et V une projection de V' telle que le centre D de projection ne rencontre pas V' et que V soit en correspondance birationnelle avec V' par cette projection (nous verrons plus tard que ces conditions expriment que V a même dimension et même degré que V'). Alors (§ 3, n° 4, remarque 3) l'anneau de coordonnées homogènes A' de V' est entier sur celui $A = k[x]$ de V, et ces anneaux ont même corps des fractions. Donc, si V est projectivement normale, on a $A = A'$, et V et V' ne diffèrent l'une de l'autre que par une transformation projective inversible. Donc, lorsque V est projectivement normale, toute $V_{(h)}$ l'est aussi, et V satisfait la propriété suivante:

(Pr) *Ni V, ni aucun modèle h-uple $V_{(h)}$ de V n'est projection non triviale d'une k-variété de même dimension et même degré.*

Réciproquement, si V n'est pas projectivement normale (et si k est algébriquement fermé dans $k(x)$), il existe un entier $h > 0$ et un élément u de degré h de $k(x)$, non contenu dans $k[x]$ et entier sur $k[x]$. Alors le lieu du point $(u, m_j(x))$ (m_j: monômes de degré h) admet $V_{(h)}$ pour projection non triviale, et ne rencontre pas le centre de projection (d'après la caractérisation des éléments entiers par finitude des spécialisations (R. g.)); de plus cette projection est birationnelle. Donc, si k est algébriquement fermé dans $k(x)$, la propriété (Pr) caractérise les k-variétés projectivement normales.

Il nous sera plus tard facile de voir que cette caractérisation équivaut à la suivante: pour tout $h \geq 1$, le système linéaire découpé sur V par les hypersurfaces de degré h est complet (cf. § 4, n° 3,d).

§ 7 — Extension du corps de base. Variétés.

Nous avons, jusqu'ici, maintenu fixe le corps de base k, et ceci a entrainé des inconvénients du genre suivant: une variété linéaire de $P_n(K)$ ou $A_n(K)$ n'a pu être considérée comme un ensemble algébrique que si elle est définie par un système d'équations linéaires à coefficients dans k; par exemple nous ne pouvons faire une projection à partir d'un point (x) que si les coordonnées de ce point sont dans k; nous ne pouvons pas non plus, en général, considérer la projetante d'un point, ni la verticale d'un point du premier facteur d'un produit, comme des ensembles algébriques, et leur appliquer, par exemple, le théorème sur les dimensions d'intersections. On pourrait obvier à cet inconvénient en prenant $k = K$; mais ceci nous ferait renoncer à l'outil techniquement si commode qu'est la notion de point générique; d'autre part et surtout, une telle décision nous forcerait à nous borner à des corps de base algébriquement clos, fermant ainsi la porte, non seulement aux applications arithmétiques, mais aussi à la féconde méthode de PICARD*. Nous devons donc être capables d'agrandir à volonté le corps de base, tout en étant capables, à chaque instant de la démonstration, de préciser le corps de base alors choisi. Nous supposerons ici que K est un *domaine universel* pour k (§ 1, n° 4, c)).

1 — Extensions régulières et variétés.

a) – Soit V une k-variété de $A_n(K)$, et soit $\mathfrak{p} = \mathfrak{I}_k(V)$ son idéal premier. Considérons un corps k' intermédiaire entre k et K. Il est clair que V est un ensemble algébrique sur k', que son idéal $\mathfrak{I}_{k'}(V)$ contient l'idéal $\mathfrak{p}\,k'[X]$ engendré par $\mathfrak{p}$, et que tout élément de $\mathfrak{I}_{k'}(V)$ a une puissance dans $\mathfrak{p}\,k'[X]$ (d'après le théorème des zéros; § 1, n° 4, a. (1')). Les questions suivantes se posent:

1) $\mathfrak{I}_{k'}(V)$ est il premier? C'est-à-dire, V reste-t'elle irréductible sur k'? Nous dirons que V est une *variété absolue* (ou une *variété* lorsqu'aucune confusion n'est à craindre) lorsque V reste irréductible sur *toute* extension k' de k. Et nous verrons dans le n° suivant une condition pour qu'il en soit ainsi.
2) A-t'on $\mathfrak{p}\,k'[X] = \mathfrak{I}_{k'}(V)$?
3) L'idéal $\mathfrak{p}\,k'[X]$ est-il premier?

L'exemple des points $+i$ et $-i$ sur le corps réel montre que la réponse à 1) n'est pas toujours positive. On construit facilement un contre-exemple à 2) en caractéristique $p \neq 0$; par contre la réponse est affir-

---

* Cette méthode consiste essentiellement à considérer le corps $k(x)$ des fonctions rationnelles sur une variété V comme une extension de degré de transcendance 1 d'un sous corps K; en termes géométriques on «fibre» V par un système algébrique de courbes (qui sont souvent les sections de V par des variétés linéaires convenables), et l'on étudie la «courbe générique» de ce système (qui est le lieu de (x) sur K).

mative en caractéristique 0 (noter que $k'[X]/\mathfrak{p}\,k'[X]$, algèbre obtenue à partir de $k[X]/\mathfrak{p}$ par extension séparable du corps de base, n'a pas d'éléments nilpotents (R. a.)). Comme une réponse affirmative à 3) entraine des réponses affirmatives à 1) et 2), nous nous occuperons d'abord de 3), c'est-à-dire de délimiter le cas où les choses se passent au mieux.

b) — Posons $k[X]/\mathfrak{p} = k[v]$. Alors $k'[X]/\mathfrak{p}\,k'[X]$ est l'algèbre étendue $(k[v])_{k'}$, et nous avons à chercher quand celle-ci est un anneau d'intégrité. D'après l'Algèbre linéaire, ceci veut dire qu'il existe un anneau d'intégrité $k'[v]$ dont $k[v]$ et k' soient des sous algèbres linéairement disjointes sur k, ou encore qu'il existe un corps $k'(v)$ tel que les corps k' et $k(v)$ soient *linéairement disjoints* sur k. Cherchons à quelle condition il en est ainsi *pour tout* k'. En notant (x) un point générique de V sur k, on voit aussitôt que, pour celà, il faut et il suffit que $k(x)$ soit linéairement disjointe (sur k) de toute extension dont elle est algébriquement disjointe. Ceci entraine que $k(x)$ est linéairement disjointe de la clôture algébrique $\bar{k}$ de k, ce qui, à son tour, implique:

1) $k(x) \cap \bar{k} = k$, c'est-à-dire que k est *algébriquement fermé dans* $k(x)$.
2) $k(x)$ et $k^{p^{-\infty}}$ (p: exposant caractéristique de k) sont linéairement disjoints sur k, c'est-à-dire que $k(x)$ est *séparable* sur k.

Nous allons maintenant montrer que ces deux conditions sont *suffisantes*, c'est-à-dire que, lorsque 1) et 2) sont vraies, et si $k(x)$ et k' sont algébriquement disjointes sur k, alors ce sont des extensions linéairement disjointes de k. Comme on peut toujours remplacer k' par une extension algébrique, la transitivité de la disjonction linéaire (R. b.) et la séparabilité de $k(x)$ montrent que l'on peut remplacer k par $k^{p^{-\infty}}$, c'est à dire supposer k parfait. Le caractère fini de la notion de disjonction linéaire montre qu'on peut supposer que k' est extension de type fini de k. Il existe alors une base de transcendance séparante (b) de k' sur k. Comme $k(x)$ et $k(b)$ sont linéairement disjointes sur k (elles sont algébriquement disjointes, et $k(b)$ est transcendante pure), la transitivité de la disjonction linéaire montre qu'il suffit de prouver que $k(b, x)$ et k' sont linéairement disjointes sur $k(b)$. Or un lemme de ZARISKI (R. c.) montre que $k(b)$ est algébriquement fermé dans $k(b, x)$. Et, comme k' est séparable sur $k(b)$, c'en est une extension monogène $k(b, u)$. Les conjugués de u sur $k(b, x)$ étant parmi les conjugués de u sur $k(b)$, les coefficients du polynôme minimal de u sur $k(b, x)$ sont algébriques sur $k(b)$, donc éléments de $k(b)$ (car $k(b)$ est algébriquement fermé dans $k(b, x)$); ainsi u a même degré sur $k(b)$ et sur $k(b, x)$, ce qui démontre que $k(b, x)$ et $k' = k(b, u)$ sont linéairement disjointes sur $k(b)$. Nous avons donc montré la suffisance des conditions 1) et 2). Une extension satisfaisant aux conditions 1) et 2) est dite *régulière*. Notons qu'une sous extension d'une extension régulière est régulière.

Nous avons donc démontré les résultats suivants:

Théorème — *Soient V une k-variété et* (x) *un point générique de V sur k.*

1) *Si* $k(x)$ *est extension régulière de* k, *alors, pour tout surcorps* k' *de* k, *l'idéal* $\mathfrak{I}_k(V) k'[X]$ *est un idéal premier et est l'idéal de V sur k. Ainsi V est une variété absolue.*

2) *Si* (y) *est un point générique de V sur* k', *alors* $k'(y)$ *est extension régulière de* k'.

3) *Pour que* $k(x)$ *soit extension régulière de* k, *il suffit que* $\mathfrak{I}_k(V) \bar{k}[X]$ *soit premier.*

Etant donnée une variété absolue V, un corps k qui satisfait aux conditions du théorème précédent s'appelle un *corps de définition* de V. Toute variété absolue V admet un corps de définition, ne serait-ce que la clôture algébrique de k, k étant tel que V soit une k-variété. D'autre part tout surcorps d'un corps de définition de V est un corps de définition de V. D'après 1) la notion de *système d'équations* de V a une signification intrinsèque, indépendante du corps de définition choisi. Comme V admet un système fini d'équations, elle admet un corps de définition qui est une extension de type fini du corps premier (par exemple obtenue en adjoignant à celui-ci les coefficients des équations de V). Donc, étant donné un nombre fini de variétés, il existe un corps de définition commun à celles-ci sur lequel le domaine universel K est de degré de transcendance infini; ainsi les résultats démontrés jusqu'ici, par exemple le théorème sur les dimensions d'intersections, s'appliquent aux variétés absolues sans qu'il soit besoin de préciser leurs corps de définition: on remarquera en effet que la notion de *dimension* d'une variété absolue est indépendante du corps de définition choisi. Enfin, étant donnée une variété (absolue) V, l'Algèbre linéaire montre l'existence d'un *plus petit corps de définition* de V; on le note $\mathrm{def}(V)$. Une variété qui admet le corps premier pour corps de définition est dite *universelle*; il en est ainsi de la diagonale de $A_n \times A_n$. Une variété absolue de dimension 0 est réduite à un point.

c) — Dans le cas *projectif* on dit qu'une k-variété V est une *variété absolue* (ou une variété lorsqu'aucune confusion n'est à craindre) si son cône représentatif est une variété absolue, et on dit que k est un *corps de définition* de V si c'est un corps de définition du cône représentatif de V, c'est-à-dire si $k(x)$ est une extension régulière de k, (x) désignant un système de coordonnées strictement homogènes d'un point générique de V sur k. Pour cela il faut et il suffit que le corps des fonctions rationnelles sur V (§ 2, n° 2,a)) soit extension régulière de k. La correspondance entre k-variétés affines et projectives (§ 2, n° 6) montre qu'une k-variété affine est une variété absolue en même temps que sa fermeture projective. L'extension de la notion de variété absolue et de celle de corps de définition aux espaces multiprojectifs ne présente pas plus de difficulté.

d) — Notons que les variétés linéaires (ou, plus généralement, rationnelles et unirationnelles (§ 1, n° 3, e))), dont les corps de fonctions rationnelles sont des extensions transcendantes pures de k (ou des sous-extensions de telles extensions), sont des variétés absolues. Il en est ainsi des variétés de SEGRE, de VERONESE, et de leurs généralisations; en étendant la notion de variété universelle au cas projectif, ces dernières sont même des variétés universelles.

e) — Etant donnée une variété absolue V (affine ou projective), il existe, pour chaque corps de définition k de V, un anneau de coordonnées (affines ou homogènes) de V sur k et un corps de fonctions rationnelles sur V définies sur k. Si k' est un surcorps de k, l'anneau de coordonnées de V sur k' s'obtient à partir de l'anneau de coordonnées de V sur k par extension du corps de base. En prenant $k' = K$ on obtient l'anneau de coordonnées et le corps des fonctions rationnelles *absolus* de V; naturellement ceux-ci ne peuvent pas être plongés dans K.

2 — Décomposition d'une k-variété. Condition d'irréductibilité absolue.

a) — Nous reprenons le problème général posé au début du n° précédent. Soit V une k-variété, et soit $\mathfrak{p}$ son idéal premier; notons $k[v]$ l'anneau de coordonnées $k[X]/\mathfrak{p}$. Si k' est un surcorps de k, les composantes de V *sur* k' correspondent aux idéaux premiers minimaux de $\mathfrak{p}k'[X]$ dans $k'[X]$, ou, ce qui revient au même, aux idéaux premiers minimaux de l'algèbre étendue $(k[v])_{k'}$, ou encore à ceux de $(k(v))_{k'}$. Un raisonnement analogue (en plus simple) à celui fait au § 4, n° 1, c) montre que toutes ces composantes ont *même dimension que* V. Une nouvelle extension du corps de base peut encore décomposer ces composantes. Cependant, si k' est algébriquement clos, le théorème du n° 1, b) montre que les composantes de V sur k' sont des variétés *absolues*, et admettent k' pour corps de définition. Il suffira donc de prendre pour k' la clôture algébrique de k; les composantes obtenues sont alors des variétés absolues; on les appelle les *composantes absolues* de V; d'après le n° 1, c) elles admettent pour corps de définition commun une *extension algébrique finie* convenable de k.

b) — Plus généralement, étant donné un ensemble H normalement algébrique sur k, nous aurons à distinguer ses *composantes sur* k et ses *composantes absolues*, c'est-à-dire les composantes de H considéré comme ensemble algébrique sur la clôture algébrique $\bar{k}$ de k. Désormais nous entendrons, par «composantes de H», les composantes absolues de H. Ce sont des variétés absolues, définies sur une extension algébrique finie convenable de k. Lorsque C est une composante de H et que s est un k-automorphisme de K, toute transformée $s(C)$ est une composante de H; on dit que $s(C)$ est une variété *conjuguée* de C sur k; précisons que les points de $s(C)$ sont de la forme $(s(x_1), \ldots, s(x_n))$ où $(x_1, \ldots, x_n)$ parcourt C; un système d'équations de $s(C)$ s'obtient en appliquant s aux coefficients des équations d'un système d'equations de C. Notons enfin que, si H est une k-variété, ses composantes (absolues) sont toutes conjuguées les unes des autres sur k (appliquer un raisonnement de théorie de GALOIS à la réunion d'une composante de H et de ses conjuguées).

c) — Donnons enfin une condition pour qu'une k-variété V soit une variété absolue (ou, comme on dit souvent, soit *absolument irréductible*). Avec les notations employées jusqu'ici nous avons, dans le n° précédent, étudié une propriété plus forte que celle d'irréductibilité absolue de V, à savoir que l'idéal $\mathfrak{p}k'[X]$ est premier, tandis que l'irréductibilité absolue de V équivaut au fait que le *radical* de $\mathfrak{p}k'[X]$ est premier pour tout k'. On voit aisément qu'une condition équivalente est que, dans l'algèbre étendue $(k(v))_{k'}$, tout diviseur de zéro est nilpotent (c.-à-d. que celle-ci est une algèbre primaire). Si $k(v)$ contient un élément $u \notin k$ séparablement algébrique sur k, et si k' contient un sous corps k-isomorphe à $k(u)$, alors $(k(v))_{k'}$ contient des diviseurs de zéro non nilpotents, puisqu'il contient le produit tensoriel $k(u) \otimes k(u)$ (R. a.); alors V n'est pas une variété absolue. Réciproquement supposons que tout élément de $k(v)$ qui est algébrique sur k soit p-radiciel sur k (p: exposant caractéristique de k). Alors tout diviseur de zéro de $k(v) \otimes k^{p^{-\infty}}$ est nilpotent; en effet un tel élément est de la forme $\sum_i s_i(v) \otimes r_i$ (avec $s_i(v) \in k(v)$ et $r_i \in k^{p^{-\infty}}$), et il suffit d'élever la relation $aa' = \left(\sum_i s_i(v) \otimes r_i\right)\left(\sum_j s_j'(v) \otimes r_j'\right)$ à une puissance convenable de p pour voir que a ou a' est nilpotent; ceci montre que le radical de $\mathfrak{p}k^{p^{-\infty}}[X]$ est premier. L'hypothèse faite montre alors que $k^{p^{-\infty}}$ est algébriquement fermé dans le corps F des fonctions rationnelles sur V définies sur $k^{p^{-\infty}}$ (qui est le quotient de $k(v) \otimes k^{p^{-\infty}}$ par son unique idéal premier). Comme F est séparable sur $k^{p^{-\infty}}$, qui est un corps parfait, le théorème du n° 1,b) montre que V est irréductible sur tout surcorps de $k^{p^{-\infty}}$. Alors V est aussi irréductible sur tout surcorps de k. Donc:

Théorème — Pour qu'une k-variété V soit une variété absolue, il faut et il suffit que tout élément du corps des fonctions rationnelles sur V définies sur k soit, ou transcendant, ou p-radiciel sur k.

3 — Projections et produits de variétés.

Désormais, lorsqu'il sera question de variétés, nous nous placerons sur un corps de définition k de celles-ci; la phrase «soit V une variété *définie sur k*» voudra dire «soient V une variété (absolue) et k un corps de définition de V».

a) — Une sous extension d'une extension régulière étant régulière, toute *projection* d'une variété est une variété.

b) — Considérons deux variétés affines V et V' définies sur k. Nous dirons que deux points génériques (x) et (x') de V et V' sur k sont *indépendants* si $k(x)$ et $k(x')$ sont algébriquement disjoints sur k; il en existe toujours (R. a.). Alors $k(x)$ et $k(x')$, ainsi que $k[x]$ et $k[x']$, sont linéairement disjoints sur k (n° 1,b)), ce qui montre que l'idéal $\mathfrak{I}$ de $k[X, X']$ engendré par les idéaux de V et V' (cf. § 4, n° 1) est premier; donc $V \times V'$ est une *k-variété*, lieu du point (x, x') sur k, *et son idéal $\mathfrak{I}$ dans $k[X, X']$ est engendré par les idéaux de V dans $k[X]$ et de V' dans $k[X']$* (ceci suppose seulement que *l'une* des k-variétés V, V' est une variété absolue et admet k pour corps de définition). D'autre part, comme $k(x, x')$ est extension régulière de $k(x)$ (n° 1,b), assertion 2) du th.), la transitivité des notions de séparabilité et de fermeture algébrique montre que $k(x, x')$ est extension régulière de k; autrement dit $V \times V'$ est une *variété* (absolue) *définie sur k*. Par fermetures projective et biprojective, et choix convenable des hyperplans à l'infini, ces résultats s'étendent aussitôt au cas des variétés projectives.

4 — Comportement des variétés normales par changement de corps de base.

La normalité d'une variété projective étant équivalente à celle de son cône représentatif, nous nous bornerons au cas affine.

a) — Soient V une variété affine définie sur k, (x) un point générique de V sur k. Dire que V est (affinement) normale sur k veut dire que $k[x]$ est un anneau intégralement clos. Si k' est un corps de définition de V *contenu dans k*, alors (x) est point générique de V sur k', et, comme $k'[x] = k'(x) \cap k[x]$ (démonstration facile par disjonction linéaire), $k'[x]$ est un anneau intégralement clos. Autrement dit V est *normale sur k'*.

b) — Considérons maintenant un *surcorps k'* de k, et prenons pour (x) un point générique de V sur k' (et donc sur k). Supposons V normale sur k. La normalité de V est conservée par passage de k à k' dans les deux cas suivants:

1) k' est extension *transcendante simple $k' = k(t)$* de k. En effet $k[x, t]$ est intégralement clos (R. a.), et donc aussi $k(t)\,[x]$ qui en est un anneau de fractions $k[x, t]_S$, S désignant l'ensemble des éléments non nuls de $k[t]$ (R. b.).

2) k' est extension *algébrique séparable finie* de k. Soit en effet a un élément de $k'(x)$ entier sur $k'[x]$, et notons $s_i(a)$ ses conjugués sur $k(x)$. Comme $k(x)$ et k' sont linéairement disjoints sur k les «conjuguées sur $k[x]$» d'une équation de dépendance intégrale de a sur $k'[x]$ sont des équations de dépendance intégrale des $s_i(a)$ sur $k[x]$, et leur produit est un polynôme unitaire sur $k[x]$ dont les $s_i(a)$ sont des racines; donc les $s_i(a)$ sont entiers sur $k[x]$ (ceci résulte aussi de la transitivité de la relation de dépendance intégrale (R. c.), puisque $k'[x]$ est entier sur $k[x]$). Prenons alors une base (b_j) de k' sur k; c'est aussi une base de $k'(x)$ sur $k(x)$; et écrivons $a = \sum_j d_j(x) b_j\ (d_j(x) \in k(x))$; on a alors $s_i(a) = \sum_j d_j(x) s_i(b_j)$; comme le déterminant des $s_i(b_j)$ est un

élément non nul de k' d'après la séparabilité, et comme k' est entier sur k, la résolution de ce système linéaire montre que les $d_j(x)$ sont entiers sur $k[x]$. Par conséquent $d_j(x) \in k[x]$ d'après l'hypothèse de normalité, d'où $a \in k'[x]$.

Par contre, lorsque k' est une extension *p-radicielle* de k, $k'[x]$ n'est pas toujours intégralement clos. Prenons, par exemple, pour k un corps imparfait de caractéristique $p \neq 2$, et soit u un élément non situé dans k tel que $u^p = v \in k$. Alors l'anneau $k[x, y]$ où x et y sont liés par $y^2 - x^p + v = 0$ est l'anneau de coordonnées d'une variété normale sur k (§ 6, a)). Mais, pour $k' = k(u)$, l'anneau $k'[x, y]$, où $y^2 - (x - u)^p = 0$, n'est pas intégralement clos, comme le montre l'élément $y/(x - u)$ qui est entier sur $k'[x, y]$. Et cependant $k(x, y)$ est extension régulière de k.

Donc, si une variété V est normale sur un corps *parfait* k, elle est normale sur chacun de ses corps de définition: c'est clair pour ceux qui sont extensions de type fini de k (par 1), 2) et l'existence des bases de transcendance séparantes); pour les autres on passe à la limite inductive, puis on applique a). On dit alors que V est *absolument normale* (affinement ou projectivement); comme c'est là la notion la plus utile, on abrégera souvent en disant simplement que V est normale; par contraste on dira alors, pour la notion relative, que V est normale sur k, ou k-normale.

5 — Produits de variétés normales.

Comme précédemment on peut se borner au cas affine. Soient V, W deux variétés affines, normales sur un corps de définition commun k à V et W, et soient (x), (y) des ponts génériques indépendants de V, W sur k. Alors (x, y) est point générique de $V \times W$ sur k (n° 3, b)), et $k[x, y]$ est le produit tensoriel $k[x] \otimes k[y]$. Comme $k(y)$ et $k(y)$ sont des extensions séparables de type fini de k, elles admettent des bases de transcendance séparantes, et le n° précédent montre que $k(x)[y]$ et $k(y)[x]$ sont des anneaux intégralement clos. D'après la disjonction linéaire, ces anneaux sont $k(x) \otimes k[y]$ et $k[x] \otimes k(y)$; donc (comme on le voit aisément, par exemple en prenant des bases), leur intersection est $k[x] \otimes k[y] = k[x, y]$, qui est ainsi intégralement clos. Donc, si V et W sont des variétés normales sur k (resp. absolument normales) *leur produit $V \times W$ est une variété normale* sur k (resp. absolument normale).

§ 8 — Propriétés vraies presque partout.

1 — Définitions.

a) — Soit $\mathfrak{P}(x)$ une propriété contenant x comme seule variable libre, x désignant un point d'une variété V, et soit k un corps de définition de V. La phrase

«$\mathfrak{P}(x)$ *presque partout sur V* (par rapport à k)» ou

«$\mathfrak{P}(x)$ *pour presque tout x de V* (par rapport à k)»
est par définition équivalente à
«*l'ensemble des x de V tels que* non$\mathfrak{P}(x)$ *est contenu dans un sous
k-ensemble propre W de V*».

Il est clair que la *conjonction* d'un nombre *fini* de propriétés vraies
presque partout sur V par rapport à k est une propriété vraie presque
partout sur V (par rapport à k).

b) – Lorsque $\mathfrak{P}(x)$ est vraie presque partout sur V (par
rapport à k), on a $\mathfrak{P}(x')$ pour tout point générique x' de V sur k. La
réciproque est fausse, comme le montre l'exemple de la propriété
«$\dim_k(k(x)) = \dim(V)$». De nombreux exemples de propriétés $\mathfrak{P}(x)$
vraies presque partout sur V sont du type suivant

1) «Non $\mathfrak{P}(x)$» est équivalente à un certain nombre de relations
algébriques (à coefficients dans k) portant sur x;
2) $\mathfrak{P}(x')$ est vraie pour x' générique sur k (resp. pour au moins un
point de V).

2 — Application aux dimensions d'intersections.

a) – Dans ce qui suit la phrase «pour presque toute variété linéaire
L^{n-r} de P_n (par rapport à k), $\mathfrak{P}(L^{n-r})$» signifiera «pour presque tout
système (a_{ji}) $(j = 1, \ldots, r,\ i = 0, \ldots, n)$ de quantités (par rapport
à k), la variété linéaire L d'équations $\left(\sum_{i=0}^{n} a_{ji}X_i = 0 \right)$ est de dimension
$n - r$ et on a $\mathfrak{P}(L)$» Notons tout de suite que, pour presque tout
système (a_{ji}) la variété L est de dimension $n - r$, ce qui nous permettra
de ne plus y penser. On dira qu'une variété linéaire L^{n-r} est *générique*
sur k si elle est définie par r équations $\sum_{i=0}^{n} a_{ji}X_i = 0$ où les a_{ji} sont
algébriquement indépendants sur k. Lorsque nous aurons introduit
les grassmaniennes et leurs structures algébro-géométriques (§ 10, n° 2)
il sera immédiat que ces notions sont équivalentes à celles définies au
moyen des grassmanniennes («compatibilité du presque partout avec
les applications rationnelles»). Les projections f de centres de dimension
donnée étant en correspondance biunivoque avec les systèmes d'équations
de ces centres $L(f)$, on dira «pour presque toute f» et «f est générique
sur k» au lieu de «pour presque tout $L(f)$» ou de «$L(f)$ est générique
sur k».

b) – Notons d'abord que, étant donné un ensemble algébrique V^r
de P_n, les systèmes de quantités (a_{ji}) $(j = 1, \ldots, n-q,\ i = 0, \ldots, n)$,
tels que la variété linéaire L^q d'équations $\left(\sum_{i=0}^{n} a_{ji}X_i = 0 \right)$ rencontre V,
forment un *ensemble algébrique* (on en construit aussitôt un point
générique lorsque V est irréductible); nous exprimerons ceci en disant

que les L^q qui rencontrent V forment un ensemble algébrique. Cet ensemble algébrique est distinct de l'ensemble de tous les L^q lorsque $q + r < n$ (§ 3, n° 4, a)); autrement dit, si $q + r < n$, presque toute L^q est disjointe de V^r. Ceci démontre le critère suivant:

Pour que $\dim(V)$ soit $\geq s$, il faut et il suffit que l'on ait $V \cap L^{n-s} \neq \emptyset$ pour une L^{n-s} générique sur un corps sur lequel V est normalement algébrique.

c) — Considérons maintenant une «famille algébrique paramétrée par U d'ensembles algébriques de P_n» (U étant un ensemble algébrique), c'est-à-dire une famille d'ensembles algébriques $T(u)$ de la forme $pr_{P_n}((u \times P_n) \cap T)$, où T est un ensemble algébrique contenu dans $U \times P_n$. Alors, étant donnés un ensemble algébrique V dans P_n et un entier q, l'ensemble des u de U tels que $\dim(T(u) \cap V) \geq q$ est un sous-ensemble algébrique U_q de U. Nous pouvons en effet nous borner aux points u de U qui sont rationnels sur un corps algébriquement clos k sur lequel U, T et V sont définies. Soit alors L une variété linéaire de dimension $n - q$ de P_n qui soit générique sur k. La condition «$\dim(T(u) \cap V) \geq q$» équivaut alors à «$T(u) \cap V \cap L \neq \emptyset$» (par b)), c'est-à-dire à $u \in pr_U((U \times (V \cap L)) \cap T)$; et ceci est un ensemble algébrique U_q. On remarquera que U_q est normalement algébrique sur $k(L)$, c'est-à-dire que chacune de ses composantes est définie sur $\overline{k(L)}$; en faisant varier L, U_q ne change pas, donc chacune de ses composantes est définie sur $\bigcap\limits_{L \text{ génér.}} \overline{k(L)} = k$, en vertu de l'existence d'un plus petit corps de définition d'une variété (§ 7, n° 1, b)).

Il résulte du résultat démontré que, si u' est une spécialisation de u, on a $\dim(T(u')) \geq \dim(T(u))$. D'autre part, lorsque U est une variété et que $\bar{u}$ en est un point générique, il en résulte aussi que l'on a $\dim(T(\bar{u})) = \dim(T(u))$ pour presque tout u de U.

3 — Exemples tirés de la théorie des corps.

On considère, dans ces exemples, un corps k, une extension régulière de type fini $k(x) = k(x_1, \ldots, x_n)$ de k, un surcorps algébriquement clos (de degré de transcendance suffisant) K de k qui soit algébriquement (et donc linéairement (§ 7, n° 1, b), th.)) disjoint de $k(x)$ sur k, et enfin des combinaisons linéaires $y_j = \sum\limits_{i=1}^{n} c_{ji} x_i$ ($j = 1, \ldots, r$) des x_i à coefficients dans K. L'on étudie des propriétés $\mathfrak{P}(c)$ du couple de corps $K(x)$, $K(y)$. En termes géométriques on considère les projections du lieu de (x) sur K. La variable (c) $(= (c_{ji}))$ décrit ici l'espace affine $A_{nr}(K)$.

a) — Prenons $r = \dim_k(k(x))$. Alors pour presque tout (c) de $A_{nr}(K)$ (par rapport à k), les y_j forment une base de transcendance séparante de $K(x)$ sur K. En effet la relation «non $\mathfrak{P}(c)$» équivaut ici à l'existence d'une dérivation non triviale D de $K(y)$ sur $K(x)$. Or, comme $k(x)$ et

$K(x)$ sont extensions régulières de k et K, l'espace vectoriel (sur $K(x)$) des dérivations de $K(x)$ sur K admet pour base n'importe quelle base (D_j) $(j = 1, \ldots, r)$ de l'espace vectoriel des dérivations de $k(x)$ sur k. Posons $D_j(x_i) = u_{ij}$; l'on peut supposer $u_{ij} \in k[x]$. Pour que la dérivation $D = \sum_j a_j D_j$ soit non triviale sur $K(x)$ et triviale sur $K(y)$, il faut et il suffit que le système linéaire $D(y_j) = \sum_{j'} \left(\sum_i D_{j'}(x_i) c_{ji} \right) a_{j'} = 0$ ait une solution non nulle (a), c'est-à-dire que l'on ait $\det_{j,j'} \left(\sum_i c_{ji} u_{ij'} \right) = 0$.

Or ce déterminant est un polynôme $P(c, x) = 0$ à coefficients dans k. En prenant un système linéairement libre (sur k) et maximal de monômes $(m_s(x))$ en les x_i, et en exprimant les autres monômes comme des combinaisons linéaires de ceux-ci à coefficients dans k, $P(c, x)$ s'écrit $\sum_s P_s(c) m_s(x)$, les $P_s(c)$ étant des polynômes à coefficients dans k. Ainsi «non $\mathfrak{P}(c)$» équivaut au système algébrique $(P_s(c) = 0)$. Et, comme on peut extraire de $(x_1, \ldots, x_n)$ une base de transcendance séparante de $K(x)$ sur K, notre assertion est démontrée (cf. n° 1,b)).

Notons que, si $\left(y_j = \sum_{i=1}^{n} c_{ij} x_i \right)$ est une base de transcendance séparante de $K(x)$ sur K, c'est aussi une base de transcendance séparante de $k(c)(x)$ sur $k(c)$ (ceci résulte de la caractérisation au moyen des dérivations).

b) — Prenons encore $r = \dim_k(k(x))$, et posons $z = \sum_{i=1}^{n} b_i x_i$ $(b_i \in K)$. Alors, *pour presque tous* (c, b) de $A_{n(r+1)}(K)$ (par rapport à k) *on a* $K(x) = K(y, z)$ *et* $k(b, c, x) = k(b, c, y, z)$. Nous pouvons supposer que $\left(y_j = \sum_{i=1}^{n} c_{ji} x_i \right)$ est une base de transcendance séparante, ce qui est le cas lorsque les c_{ji} sont des éléments $\bar{c}_{ji}$ de K algébriquement indépendants sur k; posons $\bar{y}_j = \sum_{i=1}^{n} \bar{c}_{ji} x_i$. Alors les éléments (b_i) *de* $K(y)^n$ tels que $\sum_{i=1}^{n} b_i x_i$ ne soit pas élément *primitif* de $K(x)$ sur $K(y)$ forment une réunion finie de sous espaces vectoriels propres E_q de $K(y)^n$ (correspondant aux égalités entre $\sum_i b_i x_i$ et l'un de ses conjugués). Les traces des E_q sur K^n sont des sous espaces vectoriels propres E_q' de K^n. Si nous prenons pour $(\bar{b}_i)$ un système de n éléments de K algébriquement indépendants sur le corps obtenu en adjoignant à $k(\bar{c})$ les coefficients des équations des E_q', l'élément $\bar{z} = \sum_i \bar{b}_i x_i$ sera élément primitif de $K(x)$ sur $K(y)$, et aussi, par disjonction linéaire, de $k(\bar{b}, \bar{c}, x)$ sur $k(\bar{b}, \bar{c}, \bar{y})$. On aura donc des relations de la forme $x_i = A_i(\bar{b}, \bar{c}, \bar{z}, \bar{y})/B_i(\bar{b}, \bar{c}, \bar{z}, \bar{y})$, où les A_i et B_i sont des polynômes sur k. Alors, si (c, b) est un système de $n(r+1)$ éléments de K, et si l'on pose $y_j = \sum_i c_{ji} x_i$ et $z = \sum_i b_i x_i$, on a par spécialisation (sur $k(x)$) $x_i = A_i(b, c, y, z)/B_i(b, c, y, z)$ à condition que les $B_i(b, c, y, z)$ ne soient pas nuls. Mais $B_i(b, c, y, z) = 0$ s'écrit $B_i\left(b, c, \sum_{i'} b_{i'}x_{i'}, \sum_{i'} c_{ji'}x_{i'}\right) = 0$, et, comme à la fin de a), équivaut à un système de relations algébriques à coefficients dans k entre les b_i et les c_{ji}; c.q.f.d.

c) — On prend encore $r = \dim_k(k(x))$. Alors, *pour presque tous (c) de* $A_{nr}(K)$ (par rapport à k), *le degré* $[K(x) : K(y)]$ *(qui vaut* $[k(x, c) : k(y,c)]$*) a une valeur finie fixe d.* L'on peut, d'après a), se borner au cas où $\left(y_j = \sum_{i=1}^{n} c_{ji}x_i\right)$ est une base de transcendance séparante. Introduisons $z = \sum_{i=1}^{n} b_i x_i$ où les b_i sont des éléments algébriquement indépendants *sur K*. Il résulte du raisonnement fait en b) que $K(b, x) = K(b, y, z)$. Supposons d'abord que les c_{ji} sont des éléments $\overline{c}_{ji}$ algébriquement indépendants sur k, et posons alors $\overline{y}_j = \sum_{i=1}^{n} \overline{c}_{ji}x_i$. D'après la démonstration géométrique du lemme de normalisation (§ 3, n° 4,b)), l'anneau $k(b, \overline{c}) [x]$ est entier sur $k(b, \overline{c}) [y]$, et le polynôme minimal de z sur $k(b,\overline{c}) (\overline{y})$ est de la forme $S(b, \overline{c})Z^d + T_{d-1}(\overline{y}, b, \overline{c})Z^{d-1} + \cdots + T_0(\overline{y}, b, \overline{c})$ où S et les T_j sont des polynômes sur k. Pour tout point (c) de K^n tel que $S(b, c) \neq 0$, z est entier sur $k(b, c) [y]$ par spécialisation; et comme $k(b, c) [y]$ est intégralement clos par hypothèse, le polynôme $F(y, Z) = S(b, c)Z^d + T_{d-1}(y, b, c)Z^{d-1} + \cdots + T_0(y, b, c)$ est multiple, *dans* $k(b, c) [y, Z]$, du polynôme minimal de Z sur $k(b, c, y)$. Donc, dans les conditions où nous sommes placés $((y_j)$ base séparante, et $S(b, c) \neq 0)$, le degré $[K(x) : K(y)]$, qui est celui de z sur $k(b, c, y)$, est toujours $\leq d$. Et, s'il est $< d$, le polynôme $F(y, Z)$ est un produit de deux polynômes de degrés $< d$ en Z, et ceci s'exprime par des relations algébriques (à coefficients «universels») entre les coefficients de F, c'est-à-dire par un système de relations algébriques $U_s(b, c) = 0$ à coefficients dans k; l'on déduit de ceci par identification, puisque les b_j sont algébriquement indépendants sur K, un système de relations algébriques entre les c_{ji} à coefficients dans k; c.q.f.d.

4 — Degré d'une variété.

Nous allons démontrer le résultat suivant:

Soit V^r une variété de P_n définie sur k. Il existe un entier tel que presque toute (par rapport à k) variété linéaire L^{n-r} ait avec V exactement d points communs.

L'entier d s'appelle le *degré* de la variété V.

a) — Traitons d'abord le cas d'une *hypersurface* V^{n-1}. Celle-ci est définie par une équation homogène $F(X_0, \ldots, X_n) = 0$; soit d son degré. Comme V est une variété, le résultat ci-dessus sur les bases séparantes (n° 3, a)) et le procédé du lemme de normalisation montrent que, après un éventuel changement de coordonnées, l'équation $F(X_0, \ldots, X_n) = 0$ est une équation séparable de degré d en X_n. Or les points d'intersection de V et d'une droite D de représentation paramétrique $x_i = a_i s + b_i t$ sont ceux dont les paramètres (s, t) sont les racines de l'équation $F(a_0 s + b_0 t, \ldots, a_n s + b_n t) = 0$, qui est homogène et de degré d. Le fait que cette équation n'a pas d racines distinctes s'exprime en annulant son discriminant, c'est-à-dire par une équation algébrique $D(a, b) = 0$ à coefficients dans k. Mais ce qui a été vu ci-dessus montre que l'on a $D(a, b) \neq 0$ si l'on prend $a_0 = \cdots = a_{n-1} = 1$, $b_0 = \cdots = b_{n-1} = 0$, $a_n = 0$, $b_n = 1$. On a donc $D(a, b) \neq 0$ pour presque toute droite D, et ceci démontre notre assertion.

b) – Dans le cas général nous pouvons d'abord nous borner aux L^{n-r} qui ne rencontrent pas V^r à l'infini, ce qui nous ramène au cas affine (n° 2, c)). Ensuite nous pouvons nous borner aux L^{n-r} dont la direction, définie par des équations $\left(\sum_{i=1}^{n} c_{ji} X_i = 0, \, j = 1, \ldots, r \right)$ est telle que, si (x) désigne un point générique de V sur $k(c)$, les $y_j = \sum_{i=1}^{n} c_{ji} x_i$ forment une base de transcendance séparante de $k(x)$ (n° 3, a)). Alors, d'après le n° 3, b)), il existe un élément $z = \sum_{i=1}^{n} b_i x_i$ tel que $k(b, c)$ soit linéairement disjoint de $k(x)$ sur k et que l'on ait $k(b, c, x) = k(b, c, y, z)$. Désignons par f la projection définie par $Y_j = \sum_{i=1}^{n} c_{ji} X_i, Z = \sum_{i=1}^{n} b_i X_i$; celle-ci applique V sur une hypersurface $f(V)$ de A_{r+1}; et, comme V et $f(V)$ sont birationnellement équivalentes, on voit aisément que $f^{-1}(u) \cap V$ est réduit à un point de V pour presque tout u dans $f(V)$. Ceci est un «presque partout par rapport à $k(c, d)$»; mais il n'est pas difficile de voir (en regardant les dénominateur des formules faisant correspondre un point de V à un point de $f(V)$) que l'ensemble des points exceptionnels de $f(V)$ est une partie d'un sous ensemble algébrique propre de $f(V)$ dont les équations dépendent rationnellement de (c, d); et ceci nous ramène à un «presque partout par rapport à k». On en déduit que, pour presque toute L^{n-r} parallèle à la direction de projection, les points communs à L^{n-r} et à V (dont aucun n'est à l'infini par hypothèse) correspondent biunivoquement aux points communs à $f(V)$ et à la droite $f(L^{n-r})$. Or, d'après le n° 3, c), le degré de $f(V)$ est, pour presque toute projection f, égal à un nombre fixe d. Donc, d'après a), le nombre de points communs à V et à presque toute L^{n-r} est égal à d; c.q.f.d.

La démonstration montre que, pour presque toute projection f ayant un centre de dimension $n - r - 2$, $f(V)$ est une hypersurface de degré d.

c) — Il résulte du résultat démontré que le nombre de points communs à V^r et à une L^{n-r} *générique* sur k est égal au degré d de V. Nous allons les étudier de façon plus précise. Comme aucun de ces points n'est à l'infini (n° 2,c)), nous passons aux coordonnées affines. Soit $\sum\limits_{i=1}^{n} a_{ji}X_i - b_i = 0$ $(j = 1, \ldots, r)$ un système d'équations de L^{n-r}, les (a, b) étant algébriquement indépendants sur k; notons $(x^{(q)})$ $(q = 1, \ldots, d)$ les points de $L^{n-r} \cap V$. Comme $(x^{(q)})$ est algébrique sur $k(a, b)$, et comme $b_j = \sum\limits_{i=1}^{n} a_{ji}x_i^{(q)}$, un petit calcul de degrés de transcendance montre que $(x^{(q)})$ *est point générique de V sur $k(a)$*. Ainsi $(x^{(q')})$ est spécialisation générique de $(x^{(q)})$ sur $k(a)$; celle-ci s'étend en la spécialisation générique $\left(x^{(q')}, \sum\limits_i a_{ji} x_i^{(q')}\right)$ de $\left(x^{(q)}, \sum\limits_i a_{ji} x_i^{(q)}\right)$. Comme on a $\sum\limits_i a_{ji}x_i^{(q)} = \sum\limits_i a_{ji}x_i^{(q')} = b_j$, ceci montre que $(x^{(q')})$ est spécialisation générique de $(x^{(q)})$ sur $k(a, b)$. Donc les points $(x^{(q)})$ sont *conjugués* les uns des autres sur $k(a, b)$. Et le résultat sur les bases séparantes (n° 3,a)) montre qu'ils sont *séparables* sur $k(a, b)$.

§ 9 — Cycles. Coordonnées de Chow.

1 — L'ordre d'inséparabilité d'une variété.

a) — Soient V une variété affine définie sur une extension algébrique d'un corps k, et (x) un point générique de V sur la clôture algébrique $\bar{k}$ de k. On appelle *ordre d'inséparabilité* de V sur k l'ordre d'inséparabilité $[k(x) : k]_i$ du corps $k(x)$ sur k; rappelons que c'est la puissance p^f de l'exposant caractéristique p de k telle que, pour toute base de transcendance (u) de $k(x)$ sur k, on ait la relation $[k(x) : k(u)]_i = p^f[\bar{k}(x) : \bar{k}(u)]_i$ entre facteurs inséparables des degrés (R. a.). On a $p^f = 1$ lorsque V est définie sur une extension séparable de k (c'est-à-dire lorsque $k(x)$ est séparable sur k). Lorsque V est un point (x) (algébrique sur k), l'ordre d'inséparabilité de (x) sur k est le facteur inséparable $[k(x) : k]_i$ du degré de $k(x)$ sur k.

b) — Les propriétés algébriques de l'ordre d'inséparabilité (R. a.) se traduisent géométriquement en:

1) L'ordre d'inséparabilité de V sur k *décroît* lorsque k augmente.

2) L'ordre d'inséparabilité d'une *projection* de V est un sous-multiple de celui de V.

3) L'ordre d'inséparabilité d'un *produit* $V \times W$ est un sous-multiple du produit de ceux de V et W, avec égalité lorsque $((x)$ et (y) désignant des points génériques indépendants de V et W sur $\bar{k})$, les corps $k(x)$ et $k(y)$ sont linéairement disjoints sur k.

4) L'ordre d'inséparabilité sur k d'une hypersurface H de point générique (x) sur $\overline{k}$ est la plus petite puissance p' de p telle que $k^{p^{-f}}(x)$ soit séparable sur $k^{p^{-f}}$. C'est aussi la puissance avec laquelle l'équation de H (sur $\overline{k}$) figure dans celle du lieu de (x) sur k.

c) – La définition et les propriétés de l'ordre d'inséparabilité de V s'étendent aussitôt aux cas projectif et multiprojectif: cet ordre ne dépend en effet que du corps des fonctions rationnelles sur V.

2 — Définition des cycles, et opérations sur les cycles.

a) – On appelle *cycle* toute combinaison linéaire (formelle) à coefficients entiers de variétés contenues dans $A_n(K)$ (resp. $P_n(K)$); on peut donc écrire un cycle X sous la forme $X = \sum_j n_j V_j$, où les V_j sont des variétés et les n_j des entiers presque tous nuls. Les variétés V_j pour lesquelles n_j est $\neq 0$ sont appelées les *composantes* de X; leur réunion, qui est un ensemble algébrique, est appelée le *support* de X; on le note Supp(X) (ou $|X|$ lorsqu'aucune confusion avec les systèmes linéaires n'est à craindre). Lorsque le support du cycle X est contenu dans une variété U, on dit que X est un *cycle de U*, ou est *porté par U*. Les cycles (resp. cycles portés par une variété U) forment un *groupe* (par addition des coefficients).

b) – Un cycle dont toutes les composantes ont la même dimension d est dit *homogène de dimension d*. Tout cycle est, et de façon unique, somme de cycles homogènes. Un cycle homogène de dimension $n-1$ de A_n (resp. P_n) est appelé un *diviseur* de A_n (resp. P_n). Un cycle homogène de dimension $d-1$ porté par une variété U^d est appelé un *diviseur de U* (ou sur U).

c) – Un cycle $X = \sum_j n_j V_j$ est dit *positif* (ou effectif) si l'on a $n_j \geqq 0$ pour tout j. La relation «$X - Y$ est positif» est une relation d'ordre sur le groupe des cycles, et en fait un groupe (partiellement) ordonné; on la note $X \geqq Y$. Tout cycle X est différence $Y - Z$ de deux cycles positifs dont le support est contenu dans celui de X; cette décomposition de X (dite canonique) est unique; les cycles Y et Z s'appellent la partie positive et la partie négative de X.

d) – Un diviseur $D = \sum_j q_j V_j^{n-1}$ de A_n (resp. P_n) est déterminé de façon unique par la fraction rationnelle (resp. fraction rationnelle homogène) $\prod_j F_j(X)^{q_j}$, où $F_j(X) = 0$ est l'équation de V_j^{n-1}; cette fraction rationnelle, qui est déterminée à un facteur constant près par D est appelée *l'équation de D*. Son degré est appelé le *degré* de D (dans le cas projectif). Si D et D' sont des diviseurs, l'équation de $D + D'$ est le produit des équations de D et D'. Pour qu'un diviseur de A_n ou P_n soit positif, il faut et il suffit que son équation soit un polynôme.

e) – Plus généralement la notion de *degré* d'une variété (§ 8, n° 4) s'étend par linéarité aux cycles: si le cycle X s'écrit $\sum_j n_j V_j$, et si d_j désigne le degré de la variété V_j, le degré de X est par définition l'entier $\sum_j n_j d_j$.

f) – On associe parfois à un cycle positif $Z = \sum_j n_j V_j$ de A_n ou P_n (resp. porté par une variété U) *l'idéal* $\bigcap_j \mathfrak{p}_j^{(n_j)}$, où $\mathfrak{p}_j$ est l'idéal premier de $K[X]$ (resp. de l'anneau de coordonnées de U) correspondant à V_j, et où $\mathfrak{p}_j^{(n_j)}$ désigne une puissance symbolique (R. a.). Dans le cas d'un diviseur D de A_n ou P_n ceci correspond à la formation de l'équation de D (d). Dans le cas d'un diviseur sur une variété normale U, on retrouve la correspondance entre idéaux et «diviseurs» d'un anneau normal (R. b.).

g) – Soit f une *projection* de A_n dans A_m (resp. de P_n dans P_m). Nous noterons $[V : f(V)]$ l'indice de projection (§ 3, n° 1,c) et n° 2,c)) de V sur $f(V)$ lorsque celui ci est fini (c.-à-d. si $\dim(V) = \dim(f(V))$), et l'entier 0 dans le cas contraire; on appelle *projection algébrique* de V, et on note $f_{al}(V)$ (ou $f(V)$ si aucune confusion n'est à redouter), le cycle $[V : f(V)] \cdot f(V)$. On étend par linéarité cette notion aux cycles: si $X = \sum_j n_j V_j$, on note $f_{al}(X)$ (ou $f(X)$), et on appelle *projection algébrique* de X, le cycle $\sum_j n_j [V_j : f(V_j)] \cdot f(V_j)$. Il est clair que f_{al} est un homomorphisme pour les structures de groupes ordonnés gradués des groupes des cycles de A_n et A_m (resp. de P_n et P_m).

h) – La notion de *produit* de deux cycles $Y = \sum_j n_j V_j$, $Z = \sum_i m_i W_i$ de A_n et A_m (resp. de P_n et P_m) est aussi définie par linéarité: $Y \times Z = \sum_{i,j} n_j m_i (V_j \times W_i)$ ($Y \times Z$ pouvant être considéré comme un cycle porté par la variété de SEGRE (§ 4, n° 3) dans le cas projectif). La bilinéarité de cette opération est évidente. Le produit de deux cycles homogènes de dimensions d, d' (resp. positifs) est un cycle homogène de dimension $d + d'$ (resp. positif).

3 — Rationalité d'un cycle sur un corps.

a) – On dit qu'un cycle X est *algébrique* sur un corps k si toutes ses composantes sont définies sur la clôture algébrique $\bar{k}$ de k. Etant donnés un cycle $X = \sum n_j V_j$ et un k-automorphisme s de K, on note

$s(X)$ et on appelle *transformé* de X par s (ou *conjugué* de X sur k) le cycle $\sum_j n_j s(V_j)$ (cf. § 7, n° 2, b)).

   b) — On dit qu'un cycle $X = \sum_j n_j V_j$ est *rationnel sur k* si

   1) Il est identique à tous ses conjugués sur k. Ceci entraîne que X est algébrique sur k (sinon les conjuguées d'une composante de X seraient en nombre infini), et que son support est normalement algébrique sur k.

   2) Pour toute composante V_j de X, le coefficient n_j de V_j est multiple de l'ordre d'inséparabilité de V_j sur k (n° 1).

   c) — Toute combinaison linéaire de cycles rationnels sur k est un cycle rationnel sur k. Si un cycle X est rationnel sur k, les composantes homogènes de x (n° 2, b) et les parties positive et négative de X (n° 2, c)) sont des cycles rationnels sur k.

   d) — Lorsque X est rationnel sur k, il est rationnel sur tout surcorps de k.

   e) — La théorie de GALOIS et les résultats sur l'ordre d'inséparabilité d'une hypersurface (n° 1, b), 4)) montrent aisément que, pour qu'un *diviseur* positif D de A_n ou P_n soit rationnel sur k, il faut et il suffit qu'il admette une équation à coefficients dans k. Ceci s'étend aussitôt à un diviseur non positif (par b)).

   f) — On dit qu'un cycle X est *premier rationnel* sur k si c'est un élément minimal de l'ensemble des cycles strictement positifs et rationnels sur k. On voit aisément que ces cycles sont de la forme $p^f \cdot \sum_s s(V)$, où V est une variété définie sur $\bar{k}$, où les $s(V)$ sont les conjuguées (distinctes) de V sur k, et où p^f est l'ordre d'inséparabilité de V sur k. Un tel cycle est homogène. Tout cycle rationnel sur k est, et de façon unique, combinaison linéaire de cycles premiers rationnels sur k. Les diviseurs de A_n (ou P_n) qui sont premiers rationnels sur k sont ceux dont l'équation (n° 2, d)) est un polynôme irréductible sur k.

   g) — Le résultat relatif à l'ordre d'inséparabilité d'une projection (resp. d'un produit) (n° 1, b)), joint à un raisonnement simple sur les conjugués, montre que toute *projection* (définie sur k) d'un cycle rationnel sur k (resp. tout *produit* de cycles rationnels sur k) est un cycle rationnel sur k.

   h) — Soit $k(t)$ une extension *transcendante pure* de k, et $X = \sum_j n_j V_j$ un cycle rationnel sur $k(t)$. Alors le cycle $X_f = \sum_{V_j \text{ alg.}} n_j V_j$ (somme étendue à celle des composantes de X qui sont algébriques sur k) est rationnel *sur k*. En effet, si V_j est algébrique sur k, toutes les conjuguées de V_j sur k, qui sont aussi des conjuguées de V_j sur $k(t)$, figurent dans X avec même coefficient n_j; et n_j est multiple de l'ordre d'inséparabilité de V_j sur k, car ce dernier est évidemment égal à l'ordre d'inséparabilité de V_j sur $k(t)$. On peut appeler X_f la «partie fixe» (par rapport à k) de X.

4 — Coordonnées de Chow.

a) – Soit V une variété de dimension r définie sur k (dans P_n). Considérons une *projection générique* f sur k de P_n sur P_{r+1}, c'est-à-dire définie par des formules

$$Y_s = \sum_{i=0}^{n} c_{si} X_i \quad (s = 0, \ldots, r+1)$$

où les (c_{si}) sont algébriquement indépendants sur k (cf. § 8, n° 2,a)). Comme le centre de f est une variété linéaire générique de dimension $n - r - 2$, il ne rencontre pas V^r (§ 8, n° 2,b)), et la projection $f(V)$ est une variété de dimension r (§ 3, n° 2,c)). Celle-ci est donc définie par une seule équation $H(Y) = 0$ dans $P_{r+1'}$; et, comme $f(V)$ est définie sur $k(c)$, on peut, par multiplication, supposer que les coefficients de $H(Y)$ sont des éléments de $k[c]$ premiers entre eux dans leur ensemble; posons $H(Y) = G(Y_s, c_{si}) \in k[Y, c]$. Ce polynôme est irréductible, homogène en les Y_s et homogène en les c_{si}. Nous allons chercher ses *degrés*. Son degré d en les Y_s n'est autre que le degré de $f(V)$, c'est-à-dire le *degré de V* (§ 8, n° 4,c)). D'autre part remarquons que, étant donné un indice s, on peut multiplier à la fois Y_s et les c_{si} par une même quantité sans changer la validité de $G(Y, c) = 0$. Or, d'après le lemme de normalisation (§ 3, n° 4,b)), $G(Y, c)$ contient, pour tout s, un terme en Y_s^d; le coefficient de Y_s^d doit donc être multiple d'un polynôme homogène et de degré d en les $c_{s'i}$ pour tout $s' \neq s$; ainsi le degré d' de ce coefficient, c'est-à-dire le degré d' de $G(Y, c)$ en les c_{si}, doit satisfaire à $d' \geq (r+1)d$.

Par exemple le point $(x_0, \ldots, x_n)$ de P_n a pour équation de sa projection générique la forme $\sum_{i=0}^{n} x_i(Y_0 c_{1i} - Y_1 c_{0i})$.

Nous noterons que, si $Y_s = \sum_{i=0}^{n} c'_{si} X_i \quad (s = 0, \ldots, r+1)$ est une projection g (non nécessairement générique) telle que $\dim(g(V)) = \dim(V)$, l'équation $G(y, c') = 0$ est satisfaite par les points de $g(V)$. C'est l'équation de $g(V)$ lorsque $g(V)$ a même degré que V. Sinon et, lorsque le centre de g ne rencontre pas V, c'est une puissance de cette équation; et un facile calcul de degrés montre que $G(Y, c') = 0$ est l'équation (n° 2,d)) du *diviseur* $g_{al}(V)$ (n° 2,g)).

b) – Introduisons maintenant la *forme associée* de V^r. Si nous repérons les hyperplans de P_n par les coefficients de leurs équations, les systèmes de $(r+1)$ hyperplans forment un espace multiprojectif de dimension $(r+1)n$. Parmi ces systèmes considérons ceux $\left(\sum_{i=0}^{n} u_i^{(j)} X_i = 0, j = 0, \ldots, r \right)$ dont l'intersection rencontre V^r. Ces systèmes ne sont autres que les spécialisations (sur k) du système suivant: on prend un point générique P de V sur k, et on considère $(r+1)$ hyperplans génériques et indépendants (sur $k(P)$) parmi ceux qui passent par P; soient $\left(\sum\limits_{i=0}^{n} v_i^{(j)} X_i = 0 \right)$ leurs équations; le corps $k(x, (v_i^{(j)}/v_i^{(j)}))$ est de degré de transcendance $(r + 1)(n - 1)$ sur $k(P)$; et, comme ces $(r + 1)$ hyperplans n'ont d'autre point commun avec V que P, P est algébrique (et même rationnel) sur $k((v_i^{(j)}/v_i^{(j)}))$; ce dernier corps est donc de degré de transcendance $r + (r + 1)(n - 1)$ sur k. Donc l'ensemble S considéré de systèmes d'hyperplans est une k-variété multiprojective de dimension $r + (r + 1)(n - 1) = (r + 1)n - 1$ de $(P_n)^{r+1}$; comme $k(x, v) = k(v)$ est extension transcendante pure de $k(x)$, c'est une extension régulière de k, et S est une variété absolue définie sur k. D'après sa dimension, S est définie par *une seule équation* $F(u^{(0)}, \ldots, u^{(r)}) = 0$ multihomogène (et, par raison de symétrie, de même degré) par rapport aux $(r + 1)$ séries de variables $(u^{(j)})$ $(j = 0, \ldots, r)$. Le polynôme F est appelé la *forme associée* de V. Notons que si les $(r + 1)$ hyperplans $\left(\sum\limits_{i=0}^{n} u_i^{(j)} X_i = 0 \right)$ sont linéairement dépendants, leur intersection rencontre V, et on a $F(u^{(0)}, \ldots, u^{(r)}) = 0$. Pour calculer le *degré* de F en les $u_i^{(0)}$, considérons r hyperplans génériques et indépendants sur k, soient $\left(\sum\limits_{i=0}^{n} u_i^{(j)} X_i = 0, \; j = 1, \ldots, r \right)$; leur intersection est une L^{n-r} générique, qui rencontre V en d points ($d =$ degré de V) $(x_i^{(q)})$ $(q = 1, \ldots, d)$ algébriques, séparables et conjugués sur $k(u^{(1)}, \ldots, u^{(r)})$ (§ 8, n° 4, c)); et ces points sont points génériques de V sur k (ibid.). Alors $\prod\limits_{q=1}^{d} \left(\sum\limits_{i=1}^{n} u_i^{(0)} x_i^{(q)} \right)$ est un polynôme homogène et de degré d en les $u_i^{(0)}$, à coefficients dans $k(u^{(1)}, \ldots, u^{(r)})$ et c'est l'équation du lieu de $(u^{(0)})$ sur ce corps. Ainsi F, qui s'obtient à partir de cette équation en chassant les dénominateurs, est *homogène de degré d* par rapport à chacune des séries de variables $(u^{(j)})$.

La forme associée du point $(x_0, \ldots, x_n)$ est $\sum\limits_{i=0}^{n} x_i u_i^{(0)}$.

c) — Montrons maintenant que les coefficients de la projection générique $G(Y, c)$ et ceux de la forme associée $F(u)$ sont essentiellement les mêmes. La projetante du point (y) de P_{r+1} est, sauf si $y_{r+1} = 0$, définie par les équations $\left(y_s \cdot \sum\limits_i c_{r+1, i} X_i - y_{r+1} \cdot \sum\limits_i c_{s i} X_i = 0 \right)$ $(s = 0, \ldots, r)$. Pour exprimer qu'elle rencontre V, il suffit, dans $F(u^{(0)}, \ldots, u^{(r)})$, de remplacer $u_i^{(j)}$ par $y_j c_{r+1, i} - y_{r+1} c_{ij}$. On obtient ainsi un polynôme $G_1(y, c)$ sur k, homogène et de degré $(r + 1)d$ en les y_s et les $c_{s i}$. Comme «$G_1(y, c) = 0$ et $y_{r+1} \neq 0$» implique «$(y) \in f(V)$», on a une identité de la forme $G_1(y, c) = (G(y, c))^a (y_{r+1})^b$, où a et b sont des exposants convenables. Or on a vu (a)) que $G(y, c)$ est homogène et de degré $\geq (r + 1)d$ en les $c_{s i}$ et homogène de degré d en les y_s; donc $a = 1$, $b = rd$, et $G(y, c)$

est exactement de *degré* $(r + 1)d$ *en les* c_{si}. D'autre part les coefficients de $G(y, c)$ sont combinaisons linéaires à coefficients dans l'anneau premier (et universels pour n, r et d donnés) de ceux de $F(u)$.

Inversement notons que l'équation $G(y', c') = 0$ exprime qu'il existe (x') dans V tel que $y'_s = \sum_{i=0}^{n} c'_{si} x'_i$. Alors, étant donnés $(r + 1)$ hyperplans $\left(\sum_i u_i^{(j)} X_i = 0\right)$, considérons la projection f' définie par $Y_s = \sum_i u_i^{(s)} X_i$ $(s = 0, \ldots, r)$ et $Y_{r+1} = \sum_i w_i X_i$ (les w_i étant choisis arbitrairement dans K). Pour que les $(r + 1)$ hyperplans donnés aient un point commun avec V, il faut et il suffit que $(0, 0, \ldots, 0, 1)$ soit sur $f'(V)$, c'est-à-dire que le coefficient de Y_{r+1}^d dans $G(Y, c')$ (où $c'_{si} = u_i^{(s)}$ pour $s = 0, \ldots, r$, et $c'_{r+1,i} = w_i$) soit nul. Or nous avons vu que ce coefficient est un polynome multihomogène et de degré d en les $r + 1$ séries de variables $(c'_{0i}, \ldots, c'_{ri})$ (a); c'est donc, à un facteur près dans k, la forme associée $F(u)$, dont les coefficients sont ainsi parmi ceux de $G(Y, c)$. Par conséquent *les points dont les coordonnées homogènes sont les coéfficients de la forme associée* $F(u)$ *de* V *et ceux de l'équation* $G(Y, c)$ *de la projection générique de* V, *se déduisent l'un de l'autre par une transformation linéaire inversible à coéfficients universels.* Nous pourrons donc ne pas faire de distinction essentielle entre ces deux séries de coefficients, et nous les appellerons, indifféremment, les *coordonnées de* Chow *de* V.

Par exemple, si V est la droite de représentation paramétrique $x_i = a_i s + b_i t$, on a $F\left(u^{(0)}, u^{(1)}\right) = \sum_{i<j} (a_i b_i - b_i a_j) u_i^{(0)} u_j^{(1)}$ et

$$G(Y, c) = \sum_{i<j} \pm (a_i b_j - b_i a_j) \begin{vmatrix} Y_0 & Y_1 & Y_2 \\ c_{0i} & c_{1i} & c_{2i} \\ c_{0j} & c_{1j} & c_{2j} \end{vmatrix}.$$

Les coefficients de F et G sont essentiellement les coordonnées grassmaniennes (ou plückériennes) $(a_i b_j - b_i a_j)$ de V.

d) — Passons maintenant au cas d'un *cycle homogène positif* $X = \sum_t n_t V_t$ $(n_t \geqq 0)$ de dimension r de P_n. Si $F_t(u)$ est la forme associée de V_t, on prend, par définition, pour forme associée $F(u)$ de X, le produit $\prod_t (F_t(u))^{n_t}$. C'est une forme multihomogène de degré $d = \sum_t n_t d^0(V_t) = d^0(X)$ (n° 2, e)) en chacune des $r + 1$ séries de variables $(u_i^{(j)})$ $(j = 0, \ldots, r)$. Soit maintenant f une projection de P_n sur P_{r+1}, générique sur un corps de définition commun k des composantes V_t de X, et soit $G_t(Y, c)$ l'équation de $f(V_t)$. Les coefficients de la forme $G(Y, c) = \prod_t (G_t(Y, c))^{n_t}$ sont reliés à ceux de la forme associée $F(u)$ de X par les mêmes formules linéaires à coefficients universels que dans le cas d'une variété V^r de degré d, comme on le voit aisément en suivant le calcul fait en ·c). Comme f est générique, l'indice de projection $[V_t : f(V_t)]$ est égal à 1 (§ 8, n° 3,b)), et $G(Y, c)$ est l'équation du diviseur $f_{al}(X)$. Les coéfficients de $F(u)$ (ou de $G(Y, c)$) sont encore appelés les *coordonnées de* CHOW du cycle X.

e) — Lorsque X est un *diviseur positif* de P_n, une projection générique f de P_n sur $P_{r+1} = P_n$ est une transformation linéaire inversible de P_n. Donc les coordonnées de CHOW de X ne diffèrent que par une transformation linéaire à coefficients universels des coefficients de l'équation de X.

f) — Lorsque X est un *cycle homogène quelconque*, on prend sa décomposition canonique $X = X' - X''$, et l'on prend pour coordonnées de CHOW de X le système (biprojectif) de quantités formé par celles de X' et celles de X''.

g) — Lorsque X est un cycle homogène et *rationnel* sur k, sa projection générique $f_{al}(X)$ est un diviseur rationnel sur $k(c)$. (n° 3,f)). Donc ses coordonnées de CHOW, qui sont les coefficients de l'équation $G(Y, c)$ de $f_{al}(X)$, sont *rationnelles* sur k (n° 3,d)). La réciproque est fausse en caractéristique $p \neq 0$ pour des cycles qui ne sont pas des diviseurs.

En caractéristique 0 la réciproque est vraie, et résulte d'un facile raisonnement sur les conjugués. Pour un contre-exemple en caractéristique $p \neq 0$, prenons un corps k de la forme $k_0(a, b)$ où a et b sont algébriquement indépendants sur k_0, et soit P le point de P_2 de coordonnées homogènes (x_0, x_1, x_2) satisfaisant à $x_0 = 1$, $x_1^p = a$, $x_2^p = b$. La projection générique du cycle pP a pour équation $\left(\sum_i x_i(c_{1i}Y_0 - c_{0i}Y_1)\right)^p = \sum_i x_i^p(c_{1i}Y_0 - c_{0i}Y_1)^p$, et les coordonnées de CHOW de pP sont rationnelles sur k. Par contre le point P est d'ordre d'inséparabilité p^2 sur k, et le cycle pP n'est pas rationnel sur k. En tout état de cause on voit facilement qu'un cycle dont les coordonnées de CHOW sont rationnelles sur k est «p-radiciel» sur k (c'est-à-dire algébrique et égal à ses conjugués).

Nous verrons d'autre part que, si X est un diviseur sur une variété U, alors X est rationnel sur le corps k obtenu en adjoignant à $\operatorname{def}(U)$ les rapports des coordonnées de CHOW de X; ce corps k est donc le plus petit corps contenant $\operatorname{def}(U)$ et sur lequel X est rationnel (cf. chap. II, § 6, n° 6,c)).

h) — Montrons qu'un cycle X^r de dimension donnée de P_n *est déterminé de façon unique par ses coordonnées de* CHOW. Par décomposition en facteurs de sa forme associée, on est aussitôt ramenés au cas d'une variété V^r. Avec les notations de a) l'équation $G\left(\sum_{i=0}^{n} c_{si}X_i, c_{si}\right) = 0$ est celle d'un hypercône générique $H(c)$ projetant V. Or, étant donné un point Q de P_n non situé sur V, le raisonnement du § 3, n° 4,a) montre qu'il existe une L^{n-r-1} passant par Q et ne rencontrant pas V; et l'on peut prendre celle-ci générique sur $k(Q)$. On prend alors une projection (définie par les coefficients (c_{si})) et ayant pour centre une L^{n-r-2} générique de la L^{n-r-1}; l'hypercône projetant $H(c)$ correspondant ne contient pas Q. Donc $V = \bigcap_{(c)} H(c)$, ce qui la détermine de façon unique.

i) — Soient X un cycle positif homogène de dimension r de P_n, et g une *projection* de P_n sur P_q ($q \geq r + 1$) telle que les projections de toutes les composantes de X^r soient de dimension r et que ces composantes ne rencontrent pas le centre de f. Supposons g définie par $Z_j = \sum_{i=0}^{n} a_{ji} X_i$ ($j = 0, \ldots, q$), et soit k un corps de définition commun de g et des composantes de X. Effectuons, dans P_q, une projection générique f définie par $Y_m = \sum_{j=0}^{q} d_{mj} Z_j$ ($m = 0, \ldots, r + 1$). On a alors $Y_m = \sum_{i=0}^{n} c'_{mi} X_i$, où $c'_{mi} = \sum_{j=0}^{q} d_{mj} a_{ji}$; et $f(g(X))$ est une projection de X et est un diviseur de P_{r+1}. Comme on l'a vu plus haut (a)) son équation $g(Y, c') = 0$ s'obtient à partir de celle $g(Y, c)$ de la projection générique de X en y remplaçant les variables indépendantes (c_{si}) par les (c'_{si}). Donc les coordonnées de CHOW de $g_{al}(X)$ sont des polynômes multi-homogènes à coefficients universels, *linéaires* en les coordonnées de CHOW de X, et homogènes de degré $(r + 1) d^0(X)$ en les coefficients a_{ji} de la projection g. Un cas particulier est celui où le centre de g est vide; alors $q = n$, et g est une *transformation linéaire inversible* de P_n.

Dans le cas où le centre de g rencontre $\mathrm{Supp}(X)$, l'équation $g(Y, c') = 0$ représente plus que le diviseur $f(g(X))$: elle comprend des facteurs parasites provenant des variétés linéaires tangentes à V aux points du centre de g.

5 — Caractère algébrique des coordonnées de Chow.

Etant donnée une forme $F(u^{(0)}, \ldots, u^{(r)})$ homogène et de degré d en chacune des $(r + 1)$ séries de variables $(u_i^{(j)})$ ($j = 0, \ldots, n, i = 0, \ldots, n$) on peut se demander si c'est la forme associée d'un cycle positif X^r de P_n, c'est-à-dire si ses coefficients (w_λ) sont les coordonnées de CHOW d'un tel cycle. Nous allons montrer que, *pour que les w_λ soient les coordonnées de CHOW d'un cycle positif X^r porté par une variété donnée U, il faut et il suffit que les w_λ satisfassent à un système d'équations homogènes à coefficients dans* def(U).

En particulier, lorsque U est l'espace projectif P_n tout entier, le système d'équations homogènes correspondant a ses coefficients dans le corps premier. Il résultera d'ailleurs de la démonstration que l'on peut choisir pour ces coefficients des multiples entiers de l'élément unité du corps qui, pour un degré d et une dimension r donnés, sont «universels», c'est-à-dire indépendants de la caractéristique.

a) — Nous énoncerons d'abord un système de quatre conditions que nous montrerons ensuite être nécessaires et suffisantes pour que $F(u_{(0)}, \ldots, u^{(r)})$ soit la forme associée d'un cycle X^r porté par U. Nous noterons k un corps de définition de U contenant les coefficients (w_λ) de F.

1) *La forme* $G(u^{(0)}) = F(u^{(0)}, \ldots, u^{(r)})$ *se décompose en un produit de formes linéaires* $\prod\limits_{q=1}^{d} \left(\sum\limits_{i=0}^{n} u_i^{(0)} x_i^{(q)} \right)$ *sur la clôture algébrique de* $k(u^{(1)}, \ldots, u^{(r)})$.

2) *On a* $\sum\limits_{i=0}^{n} u_i^{(j)} x_i^{(q)} = 0$ *pour* $q = 1, \ldots, d$ *et* $j = 1, \ldots, r$.

3) *Si* $r + 1$ *hyperplans* $\left(\sum\limits_{i=0}^{n} v_i^{(j)} X_i = 0 \right)$ $(j = 0, \ldots, r)$ *passent tous par un des points* $(x_i^{(q)})$, *alors* $F(v^{(0)}, \ldots, v^{(r)}) = 0$.

4) *On a* $H_\alpha(x^{(q)}) = 0$ *pour* $q = 1, \ldots, d$, $(H_\alpha(X))$ *désignant un système d'équations de* U.

Notons que la condition 3) équivaut à :

3') *Si l'on a* r *hyperplans* $\sum\limits_{i=0}^{n} v_i^{(j)} X_i = 0$ $(j = 1, \ldots, r)$ *tels que* $\sum\limits_{i=0}^{n} v_i^{(j)} x_i^{(q)} = 0$ *pour tous* j *et un* q, *alors* $F(u^{(0)}, v^{(1)}, \ldots, v^{(r)})$, *considérée comme forme en les variables* $(u_i^{(0)})$ *est multiple de* $\sum\limits_{i=0}^{n} u_i^{(0)} x_i^{(q)}$.

b) — Montrons maintenant que, lorsque F est un *produit* de formes irréductibles, la validité des conditions 1), 2), 3), 4) pour F est équivalente à la validité des mêmes conditions pour chaque facteur irréductible F_1 de F. C'est immédiat, à part le fait que, si F vérifie 3'), alors tout facteur irréductible F_1 de F vérifie aussi 3'). Il suffit évidemment de démontrer ceci lorsque les r hyperplans $\left(\sum\limits_{i=0}^{n} v_i^{(j)} X_i = 0 \right)$ $(j = 1, \ldots, r)$ sont génériques et indépendants parmi ceux qui passent par le point $(x^{(q)})$. Alors, d'après 2), $(u_i^{(j)})$ est une spécialisation de $(v_i^{(j)})$ sur $k(x^{(q)})$. Comme F vérifie 3'), il existe un facteur irréductible F_2 de F tel que la forme linéaire $\sum\limits_{i=0}^{n} u_i^{(0)} x_i^{(q)}$ divise $F_2(u^{(0)}, v^{(1)}, \ldots, v^{(r)})$; par spécialisation cette forme divise donc $F_2(u^{(0)}, \ldots, u^{(r)})$. Mais, par hypothèse, $\sum\limits_{i=0}^{n} u_i^{(0)} x_i^{(q)}$ figure dans la décomposition de F_1 donnée par l'analogue de 1). Ainsi F_1 et F_2, qui ont un facteur commun et sont irréductibles, sont identiques. Donc 3') est vérifiée par F_1.

c) — Nous sommes ainsi ramenés au cas où F est *irréductible*, c'est-à-dire (par extension algébrique de k) au cas où le cycle X^r est une *variété* V. La *nécessité* des conditions 1), 2), 3), 4) est immédiate d'après l'analyse faite au n° 4, b) (les points $(x^{(q)})$ étant les points d'intersection de V avec la L^{n-r} générique d'équations $\sum\limits_{i=0}^{n} u_i^{(j)} X_i = 0$, $j = 1, \ldots, r$).

Montrons maintenant leur *suffisance*. Comme F est irréductible sur

$k(u^{(1)}, \ldots, u^{(r)})$ les points $(x^{(q)})$ sont conjugués sur ce corps. Donc le lieu W de $(x^{(1)})$ sur k admet aussi les $(x^{(q)})$ pour points génériques sur k. D'après 4) W est portée par U. D'autre part la L^{n-r} générique d'équations $\sum_{i=0}^{n} u_i^{(j)} X_i = 0$ $(j = 1, \ldots, r)$ ne contient pas d'autre point générique de W sur k que les $(x^{(q)})$: en effet, si (y) est un tel point, on prolonge l'isomorphisme de $k(y)$ sur $k(x^{(1)})$ en un isomorphisme de $k(y, u^{(1)}, \ldots, u^{(r)})$ sur un corps que nous notons $k(x^{(1)}, v^{(1)}, \ldots, v^{(r)})$; de $\sum_i u_i^{(j)} y_i = 0$, on déduit $\sum_i v_i^{(j)} x_i^{(1)} = 0$, et, d'après 3'), $F(u^{(0)}, v^{(1)}, \ldots, v^{(r)})$ est multiple de $\sum_i u_i^{(0)} x_i^{(1)}$; par isomorphisme $F(u^{(0)}, u^{(1)}, \ldots, u^{(r)})$ est alors multiple de $\sum_i u_i^{(0)} y_i$, ce qui, en vertu de 1) et de l'unique factorisation, implique que (y) est l'un des points $(x^{(q)})$. Par conséquent L^{n-r} n'a qu'un nombre fini de points communs $(x^{(q)})$ avec W, ce qui implique que $\dim(W) = r$. Et, en vertu de 1), l'analyse faite au n° 4, b) montre que F est la forme associée de W.

d) – Il ne nous reste plus qu'à démontrer que les conditions 1), 2), 3) et 4) se traduisent par un système d'équations homogènes en les coefficients (w_λ) de F. Introduisons les $(x_i^{(q)})$ comme inconnues auxiliaires. En écrivant que les deux membres de 1) sont des formes égales en les $u_i^{(0)}$, on obtient un système d'équations

$$P_a(w, u_i^{(j)}) = \overline{P}_a(x_i^{(q)}) \quad (j = 1, \ldots, r). \tag{1}$$

La condition 2) n'a pas besoin d'être modifiée:

$$\sum_{i=0}^{n} u_i^{(j)} x_i^{(q)} = 0 \quad (j = 1, \ldots, r, \; q = 1, \ldots, d). \tag{2}$$

Pour 3) on remarque que la solution générale de l'équation linéaire $\sum_{i=0}^{n} v_i^{(j)} x_i^{(q)} = 0$ est de la forme $v_i^{(j)} = \sum_{i=0}^{n} s_{ii'}^{(j)} x_{i'}^{(q)}$, où les $s_{ii'}^{(j)}$ sont des indéterminées pour $i < i'$ et satisfont à $s_{ii'}^{(j)} + s_{i'i}^{(j)} = 0$. En remplaçant dans F les $u_i^{(j)}$ par ces valeurs des $v_i^{(j)}$, et en égalant à 0 les coefficients des divers monômes en les $s_{ii'}^{(j)}$ $(i < i')$, et ceci pour tout q, on obtient un système de relations équivalent à 3):

$$Q_b(w, x_i^{(q)}) = 0. \tag{3}$$

Quant à 4), elle n'a pas besoin d'être modifiée:

$$H_\alpha(x_i^{(q)}) = 0 \quad (q = 1, \ldots, d). \tag{4}$$

Ceci étant, par *élimination* des $x_i^{(q)}$ entre (1), (2), (3) et (4), on obtient un système d'équations homogènes $S_c(w, u_i^{(j)}) = 0$. Dans chacune de celles ci, on égale à 0 les coefficients des divers monômes en les $u_i^{(j)}$ $(i = 0, \ldots, n; \; j = 1, \ldots, r)$ et l'on obtient le système cherché $T_d(w) = 0$ de relations algébriques entre les w_λ.

On remarquera que l'analyse faite ici montre une seconde fois qu'un cycle est déterminé de façon unique par ses coordonnées de CHOW (cf. n° 4, h)).

6 — Systèmes algébriques de cycles.

a) — Etant donné un cycle homogène X^r de P_n et une décomposition $X = X' - X''$ de X comme différence de cycles positifs, on appelle *point de* CHOW de X (ou point associé de X) pour cette décomposition, le point d'un espace biprojectif (espace ne dépendant que de n, de r et des degrés de X' et X'') ayant les coordonnées de CHOW de X' et celles de X'' pour coordonnées bihomogènes (ou le point correspondant de la variété de SEGRE). On dit qu'un ensemble (S) de cycles homogènes X^r, différences $X' - X''$ de cycles positifs de degrés fixes d' et d'', est un *système algébrique de cycles* si les points de CHOW correspondants forment un ensemble algébrique M; cet ensemble M est dit *associé* au système (S). On dira que (S) est *irréductible sur* k (resp. *absolument irréductible*, ou irréductible par abus de langage) si M est une k-variété (resp. une variété absolue). L'on pourra, dans ce cas, parler de cycles de (S) *génériques sur* k.

b) — Il résulte du n° 5 que l'ensemble des cycles homogènes positifs X^r, de degré d et de dimension r, portés par une variété U de P_n est un *système algébrique* défini sur $\mathrm{def}(U)$. Les composantes absolues de ce système sont définies sur $\overline{\mathrm{def}(U)}$; on les appelle les *systèmes irréductibles maximaux* de cycles positifs portés par U. Ces systèmes (pour d et r variables) sont en infinité dénombrable; et tout cycle homogène positif porté par U appartient à au moins un et au plus à un nombre fini de ces systèmes.

c) — Etant donné un système algébrique irréductible (S) de cycles positifs, les cycles X de (S) qui sont *décomposés* (c'est-à-dire non réduits à une variété avec coefficient 1) forment un *sous système algébrique* de (S): en effet il suffit d'exprimer que la forme associée F de X est un produit de formes de plus petits degrés, ce qui se traduit par des relations algébriques entre les coefficients de F. Donc, si le cycle générique de (S) est une variété, *presque tous* les cycles de (S) sont des variétés.

7 — Spécialisations de cycles.

Etant donnés deux cycles *positifs* homogènes X et X' de même dimension et de même degré, et un corps k, nous dirons que X' *est une spécialisation* de X sur k si le système des coordonnées de CHOW de X' est spécialisation (homogène) sur k du système des coordonnées de CHOW de X. On généralise aussitôt cette définition en la définition des spécialisations des systèmes finis de points et de cycles, et des *prolongements* (cf. § 2, n° 4) de telles spécialisations. Les propriétés suivantes résultent aussitôt de l'analyse faite au n° 4:

4*

a) — *Transitivité*: si X' est spécialisation de X et X'' spécialisation
de X' sur k, alors X'' est spécialisation de X sur k.

b) — Si X est *rationnel* sur k, il n'a d'autre spécialisation sur k que
lui même.

c) — *Compatibilité avec l'addition*: si $(X, Y) \to (X', Y')$ est une
spécialisation sur k, alors $(X, Y, X + Y) \to (X', Y', X' + Y')$ est
l'unique prolongement de cette spécialisation. Comme les coordonnées
de Chow d'un point P ne sont autres que ses coordonnées homogènes
(n° 4,b)), il résulte de là que, pour qu'un cycle positif de dimension 0,
$\sum_j P'_j$ soit spécialisation sur k d'un cycle $\sum_j P_j$, il faut et il suffit que
(pour un numérotage convenable des indices), le système de points (P'_j)
soit spécialisation sur k du système de points (P_j) (cf. *F*, VII, 6).

d) — *Compatibilité avec la projection algébrique*: si $Y_s = \sum_{i=0}^{n} c_{si} X_i$
est une projection f définie sur k, si le cycle X' est une spécialisation
de X sur k, et si le centre de f ne rencontre aucune des composantes de X
ni X', alors les cycles $f_{al}(X)$ et $f_{al}(X')$ sont définis, et $f_{al}(X) \to f_{al}(X')$
est l'unique prolongement de $X \to X'$ sur k (cf. n° 4,i)).

Contre exemples faciles dans le cas où le centre de f rencontre $\mathrm{Supp}(X')$ mais
non $\mathrm{Supp}(X)$ (par exemple avec des coniques de P_3).

Ce résultat s'étend aisément au cas des projections d'un produit
d'espaces projectifs sur ses facteurs.

e) — Les résultats des n° 5 et 6 montrent que, si X est un cycle
positif porté par une variété U définie sur k, et si (w') est une spécialisation
sur k du système (w) des coordonnées de Chow de X, alors (w') est le
système des coordonnées de Chow d'un cycle X' porté par U; et le
cycle X' est spécialisation de X sur k. Nous avons donc, d'après le
théorème d'extension des spécialisations (§ 2, n° 4), le théorème suivant
d'*extension des spécialisations de cycles*: si $(X_1, \ldots, X_q, P_1, \ldots, P_s) \to$
$\to (X'_1, \ldots, X'_q, P'_1, \ldots, P'_s)$ est une spécialisation sur k d'un système
de points et de cycles, et si X est un cycle positif porté par une
variété U définie sur k, alors il existe un cycle positif X' (de même degré
que X) porté par U et tel que $X \to X'$ soit un prolongement sur k de
la spécialisation donnée.

f) — Montrons maintenant que la spécialisation des cycles est
compatible avec le produit cartésien. Plus précisément: étant donnés deux
cycles positifs X, Y de P_n et $P_{\bar{n}}$ et une spécialisation $(X, Y) \to (X' \ Y')$
sur k, alors $X \times Y \to X' \times Y'$ est l'unique prolongement sur k de cette
spécialisation (les cycles produits $X \times Y$ et $X' \times Y'$ étant considérés
comme portés par la variété de Segre). Pour démontrer ceci l'on
considère un surcorps k' de k qui soit corps de définition des composantes
des quatre cycles considérés, ainsi que deux systèmes $(a_{ii'})$, $(\bar{a}_{jj'})$ de
$(n + 1)^2$ et $(\bar{n} + 1)^2$ variables indépendantes sur k'; celles-ci définissent

des automorphismes T, $\overline{T}$ (c.-à-d. des transformations linéaires inversibles) de P_n et $P_{\overline{n}}$, et aussi un automorphisme S de l'espace projectif où est plongé $P_n \times P_{\overline{n}}$. Etant donné l'effet des automorphismes de l'espace projectif sur les coordonnées de Chow (n° 4,i)), nous pouvons remplacer les cycles considérés par leurs transformés (et k par $k(a, \overline{a})$). On peut ainsi supposer que X, Y, X', Y' ont toutes leurs composantes à distance finie, c'est-à-dire qu'on est réduit au cas de cycles d'espaces *affines*. D'autre part, les (c) et $(\overline{c})$ désignant des variables indépendantes sur k', les projections f et $\overline{f}$ définies par $(Y_1 = X_1, \ldots, Y_r = X_r,$ $Y_{r+1} = c_{r+1}X_{r+1} + \cdots + c_n X_n; r = \dim(X))$ et $(\overline{Y}_1 = \overline{X}_1, \ldots, \overline{Y}_{\overline{r}} = \overline{X}_{\overline{r}},$ $\overline{Y}_{\overline{r}+1} = \overline{c}_{\overline{r}+1} \overline{X}_{\overline{r}+1} + \cdots + \overline{c}_{\overline{n}} \overline{X}_{\overline{n}}; \overline{r} = \dim(Y))$ sont telles que les composantes des quatre cycles considérés sont projetées avec indice de projection 1 par f ou $\overline{f}$ (§ 8, n° 3,b)). De telles projections seront dites *semi-génériques*.

Les équations des projections $f(X)$, $f(X')$, $\overline{f}(Y)$, $\overline{f}(Y')$ s'obtiennent par spécialisation des équations des projections génériques de X, X', Y, Y', puisque les centres de f et $\overline{f}$ ne rencontrent aucune des composantes des cycles considérés pour des raisons de dimensions (n° 4,i)). Donc celle de $f(X')$ (resp. $f(Y')$) s'obtient à partir de celle de $f(X)$ (resp. $f(Y)$) par spécialisation sur $k(c, \overline{c})$.

D'autre part le fait que les $(c_{r+1}, \ldots, c_n)$ sont algébriquement indépendants sur k' montre, par considération de points génériques sur $k'(c)$, que toute composante de X est déterminée de façon unique par sa projection semi-générique. Donc X (et de même X', Y, Y') est déterminé de façon unique par sa projection semi-générique. Il va donc nous suffire de montrer que l'équation $H(Z)$ de la projection semi-générique $g(X \times Y)$ (la projection g étant définie par $Z_1 = X_1, \ldots, Z_r = X_r,$ $Z_{r+1} = \overline{X}_1, \ldots, Z_{r+\overline{r}} = \overline{X}_{\overline{r}}, \quad Z_{r+\overline{r}+1} = c_{r+1} X_{r+1} + \cdots + c_n X_n +$ $+ \overline{c}_{\overline{r}+1} \overline{X}_{\overline{r}+1} + \cdots + \overline{c}_{\overline{n}} \overline{X}_{\overline{n}})$ s'obtient par un procédé universel à partir de celles, $F(Y)$ et $\overline{F}(\overline{Y})$, de $f(X)$ et $\overline{f}(Y)$. Or cette équation s'écrit $H(Y_1, \ldots, Y_r, \overline{Y}_1, \ldots, \overline{Y}_{\overline{r}}, Z_{r+\overline{r}+1}) = 0$ où $Z_{r+\overline{r}+1} = Y_{r+1} + \overline{Y}_{\overline{r}+1}$; c'est donc, dans le cas irréductible, le résultant par rapport à Y_{r+1} des équations $F(Y_1, \ldots, Y_r, Y_{r+1}) = 0$ et $\overline{F}(\overline{Y}_1, \ldots, \overline{Y}_{\overline{r}}, Z_{r+\overline{r}+1} - Y_{r+1}) = 0$, et ce résultat est valable dans le cas général étant donnée la multiplicativité du résultant. Ceci démontre notre assertion.

Il semble probable que les coordonnées de Chow d'un produit $X \times Y$ de cycles projectifs de degrés et dimensions donnés s'obtiennent par des formules universelles (à coefficients entiers) à partir de celles de X et Y.

Nous verrons plus tard (chap. II, § 6, n° 7) que la spécialisation des cycles est aussi compatible avec le produit d'intersection.

Les résultats qui suivent ont un intérêt technique:

g) — Etant donné un cycle X de P_n, son support $\text{Supp}(X)$ est l'intersection des hypercônes génériques projetant $\text{Supp}(X)$ (n° 4,h)). Donc la relation «$P \in \text{Supp}(X)$» s'exprime par un système d'équations algébriques entre les coordonnées de CHOW de X et les coordonnées de P. Donc, *si $P \in \mathrm{Supp}(X)$ et si (X', P') est spécialisation de (X, P), alors $P' \in \mathrm{Supp}(X')$.*

On peut aussi obtenir un ensemble d'équations définissant $\mathrm{Supp}(X)$ à partir de la forme associée $F(u^{(0)}, \ldots, u^{(r)})$ de X: comme des hyperplans génériques et indépendants passant par le point (x_i) ont des équations de la forme $\sum_{i=0}^{n} v_i^{(j)} X_i = 0$, où $v_i^{(j)} = \sum_{i=0}^{n} s_{ii'}^{(j)} x_i$, les $s_{ii'}^{(j)}$ étant des variables indépendantes pour $i < i'$ et satisfaisant à $s_{ii'}^{(j)} + s_{i'i}^{(j)} = 0$, il suffit de remplacer les $u_i^{(j)}$ par les $v_i^{(j)}$ dans F, et d'annuler les coefficients des divers monômes en les $s_{ii'}^{(j)}$ (pour $i < i'$), pour obtenir l'ensemble d'équations cherché.

h) — (*«Relèvement d'un point.»*) *Soient X, X' des cycles, P, P' des points tels que $(X'\ P')$ soit spécialisation de (X, P) sur k; si Q' est un point de $\mathrm{Supp}(X')$, il existe un point Q de $\mathrm{Supp}(X)$ tel que (X', P', Q') soit spécialisation de (X, P, Q) sur k.* En effet posons $k' = k(P, P', X, X')$, et soient $(u_i^{(j)})$ $(i = 0, \ldots, n; j = 1, \ldots, r)$ des variables indépendantes sur k'. Notons F, F' les formes associées de X et X'. On a la décomposition $F(U^{(0)}, u^{(1)}, \ldots, u^{(r)}) = \prod_{q=1}^{d} \left(\sum_{i=0}^{n} x_i^{(q)} U_i^{(0)} \right)$, où les $x_i^{(q)}$ sont algébriques sur $k'(u)$ et sont des points génériques des composantes de X sur k' (n° 5, a)). Comme $(X, P) \to (X', P')$ est une spécialisation sur k, c'est aussi une spécialisation sur $k(u)$; étendons là en une spécialisation $(X, P, x^{(1)}, \ldots, x^{(d)}) \to (X', P', x'^{(1)}, \ldots, x'^{(d)})$ sur $k(u)$. On a alors $F'(U^{(0)}, u^{(1)}, \ldots, u^{(r)}) = \prod_{q=1}^{d} \left(\sum_{i=0}^{n} x_i'^{(q)} U_i^{(0)} \right)$, ce qui montre (d'après l'unique factorisation) que les $(x'^{(q)})$ sont des points génériques sur k' des composantes de X'. Il existe donc un indice q tel que Q' soit spécialisation de $(x'^{(q)})$ sur k'. Alors $(X', P', x'^{(q)}) \to (X', P', Q')$ est une spécialisation sur k; il suffit donc de prendre $Q = (x^{(q)})$ et d'appliquer la transitivité des spécialisations.

§ 10 — Correspondances.

1 — Définitions.

a) — Etant donnés deux ensembles algébriques A et B on appelle *correspondance ensembliste* (ou correspondance si aucune confusion n'est à craindre) entre A et B tout sous ensemble algébrique E du produit $A \times B$. Etant données deux *variétés* A et B, on appelle *correspondance* entre A et B tout *cycle* du produit $A \times B$.

Comme, dans ce §, nous ne considérerons que des correspondances ensemblistes, nous omettrons l'adjectif «ensembliste».

b) — Les projections $\mathrm{pr}_A(E)$ et $\mathrm{pr}_B(E)$ de E dans A et B sont des sous ensembles algébriques de A et de B. Nous dirons que E est *dégénérée* si $\mathrm{pr}_A(E) \neq A$ ou si $\mathrm{pr}_B(E) \neq B$.

c) − Deux points x de A et y de B sont dits *homologues* pour E si $(x, y) \in E$. L'ensemble des points y de B qui sont homologues de x est $\mathrm{pr}_B(E \cap (x \times B))$; c'est donc un ensemble algébrique sur $k(x)$ (k désignant un corps sur lequel A, B et E sont normalement algébriques); on le note $E(x)$, et on l'appelle le *transformé total* de x par E. On étend aussitôt la notation et la terminologie au cas où x est remplacé par un sous ensemble algébrique quelconque de A.

d) − L'ensemble des points (y, x) de $B \times A$ tels que $(x, y) \in E$ est une *correspondance entre B et A*, dite *réciproque* de E, et notée E^{-1}. On a donc $\mathrm{pr}_A(E \cap (A \times (y)) = E^{-1}(y)$ pour y dans B.

e) − Etant donnés trois ensembles algébriques A, B, C et deux correspondances E et F entre A et B et entre B et C, l'ensemble $\mathrm{pr}_{A \times C}((E \times C) \cap (A \times F))$ est une *correspondance* entre A et C, dite *composée* de E et F, et notée $F \bigcirc E$. C'est (à un sous ensemble algébrique propre près, qui est d'ailleurs vide dans le cas projectif; cf. § 3) l'ensemble des (x, z) de $A \times C$ pour lesquels il existe y dans B tel que $(x, y) \in E$ et $(y, z) \in F$. L'associativité de l'opération $F \bigcirc E$ est immédiate.

2 — Correspondances irréductibles.

a) − Lorsqu'une correspondance E entre A et B est *irréductible* (sur un corps k sur lequel A, B et E sont normalement algébriques), ses projections $\mathrm{pr}_A(E)$ et $\mathrm{pr}_B(E)$ sont irréductibles sur k. Donc, si E est non dégénérée, A et B sont irréductibles sur k.

b) − («*Critère d'irréductibilité.*») *Soit E une correspondance entre A et B telle que $\mathrm{pr}_A(E') = A$ pour toute composante E' de E, et que A soit irréductible sur un corps k sur lequel A, B et E sont normalement algébriques. Pour que E soit irréductible sur k, il faut et il suffit que, pour tout point générique x de A sur k, l'ensemble $E(x)$ soit irréductible sur $k(x)$. Alors, si $\mathrm{pr}_B(E) = B$ (c.-à-d. si E est non dégénérée), B est aussi irréductible sur k, et, pour tout point générique y de B sur k, $E^{-1}(y)$ est irréductible sur $k(y)$; enfin on a*

$$\dim(E) = \dim(A) + \dim(E(x)) = \dim(B) + \dim(E^{-1}(y)). \quad (1)$$

Considérons en effet un point générique (x', y') sur k d'une composante E' de E; comme $\mathrm{pr}_A(E') = A$, x' est point générique de A; il existe donc, par automorphisme, un point générique de E' de la forme (x, y); et y est point générique de $E'(x)$ sur $k(x)$. Comme $E(x)$ est irréductible et est réunion des $E'(x)$, il existe une composante E'' de E telle que $E(x) = E''(x)$. Alors, si (x, y'') est point générique de cette composante E'', et si (x, y') est point générique d'une autre composante E' de E, y' est spécialisation de y'' sur $k(x)$, et (x, y') est spécialisation de (x, y'') sur k; ainsi $E' \subset E''$, et $E = E''$ est irréductible. La relation $\dim(E) = \dim(A) + \dim(E(x))$ se déduit aussitôt de là. Et le reste ne présente alors aucune difficulté.

La formule (1) du critère ci-dessus s'appelle de *principe de décompte des constantes.*

c) – Un autre cas où l'on peut affirmer qu'une correspondance non dégénérée E est *irréductible* (et où l'on peut donc lui appliquer le principe de décompte des constantes) est le suivant: *A et B sont des ensembles projectifs, A est irréductible, et, pour tout x de A, l'ensemble $E(x)$ est un ensemble irréductible de dimension indépendante de x.* Soit en effet $\bar{x}$ un point générique de A sur k, et y un point générique de $E(\bar{x})$ sur $k(\bar{x})$. Notons $\overline{E}$ ($\subset E$) le lieu de $(\bar{x}, y)$ sur k. Comme $\overline{E}(\bar{x}) = E(\bar{x})$, et comme, pour tout x dans A, on a $\dim(\overline{E}(x)) \geqq \dim(\overline{E}(\bar{x}))$ (§ 8, n° 2,c), et fait que $\overline{E}(x)$ n'est pas vide puisqu'il s'agit d'ensembles projectifs) $= \dim(E(\bar{x})) = \dim(E(x))$, on en déduit que $\overline{E}(x) = E(x)$ (puisque $E(x)$ est irréductible et que $\overline{E} \subset E$). Donc $\overline{E} = E$, et E est irréductible.

Exemple — La *grassmannienne* $G_{n,q}$ des L^q de P_n est un ensemble algébrique (§ 9, n° 6,b)). Montrons par récurrence descendante sur q que c'est un ensemble irréductible de dimension $(q + 1)(n - q)$. Le cas $q = n$ est trivial. Considérons dans $G_{n,q+1} \times G_{n,q}$ l'ensemble E des couples (L^{q+1}, L^q) tels que L^q soit contenu dans L^{q+1}. C'est une correspondance non dégénérée E, et, pour toute L^{q+1}, $E(L^{q+1})$ est un espace projectif de dimension $q + 1$. Donc E et $G_{n,q}$ sont irréductibles. Comme, pour toute L^q, $E^{-1}(L^q)$ est un espace projectif de dimension $n - q - 1$, le principe de décompte des constantes donne

$$(q + 2)(n - q - 1) + q + 1 = \dim(G_{n,q}) + n - q - 1 = \dim(E).$$

D'où $\dim(G_{n,q}) = (q + 1)(n - q)$.

3 — Applications rationnelles. Correspondances birationnelles.

a) – On dit qu'une correspondance F entre deux variétés projectives A et B est une *application rationnelle* de A dans B si elle est irréductible, si $\mathrm{pr}_A(F) = A$, et si un point générique (x, y) de F sur un corps k de définition commun à A, B et F satisfait à $k(x, y) = k(x)$; cette dernière condition veut dire que l'*indice de projection* de F sur A est égal à 1. On dira que F est *définie* sur k. Dans ces conditions on a $\dim(F) = \dim(A)$, et F et A sont birationnellement équivalentes. Si $F(A) = B$, on dit que F est une application rationnelle de A sur B.

b) – Dans ces conditions un système de coordonnées homogènes (y_j) du point $y = F(x)$ homologue du point générique x de A peut s'écrire $t y_j = P_j(x)$, où les P_j sont des formes de même degré et à coefficients dans k en les coordonnées homogènes de x, et où t est un facteur de proportionalité. Un point x' de A tel que les $P_j(x')$ ne sont pas tous nuls a ainsi le point y' de coordonnées homogènes $y'_j = P'_j(x')$ pour homologue, et ce point y' est le *seul* homologue de x', puisque, pour tout homologue y'' de x', (x', y'') est spécialisation de (x, y) sur k; autrement dit on a $y' = F(x')$. Lorsqu'un point x' de A est tel qu'il existe un système de formes P_j de même degré et à coefficients dans k tel que $t y_j = P_j(x)$ et que les $P_j(x')$ ne soient pas tous nuls, on dit que l'application F est *régulière* (ou *définie*) au point x'. Il est clair que F est régulière *presque partout* sur A. Lorsqu'on choisit des systèmes de coordonnées affines, les coordonnées y_i du point $y = F(x)$ s'expriment sous la forme $y_i = R_i(x)$, où les R_i sont des fonctions rationnelles à coefficients dans k (si les hyperplans à l'infini ont été choisis rationnels sur k) en les coordonnées affines de x; pour que F soit régulière en un point x' de A et que $F(x')$ soit à distance finie, il faut et il suffit qu'il existe un système de fonctions rationnelles R_i à coefficients dans k telles que $y_i = R_i(x)$ et que les dénominateurs des R_i ne soient pas nuls en x'.

c) — La *composée* (n° 1,e)) de deux applications rationnelles E de A dans B et F de B dans C n'est pas nécessairement une application rationnelle de A dans C (comme le montre l'exemple de la projection stéréographique d'une quadrique sur un plan). Mais cette correspondance admet pour composante la correspondance de point générique $(x, F(E(x)))$ qui est une application rationnelle de A dans C; par abus de notation on note celle ci $F \bigcirc E$. Lorsque E est régulière en $x' \in A$ et F régulière en $E(x') \in B$, alors $F \bigcirc E$ est régulière en x'.

d) — Une application rationnelle F de A dans B qui est définie sur k est *déterminée de façon unique* par sa «valeur» $F(x)$ en un point générique x de A sur k. Lorsque $F(x)$ est rationnel sur k, on a $F(x') = F(x)$ pour tout autre point x' de A, et F est dite une *application constante*; la réciproque se démontre facilement, en tenant compte du fait que k est algébriquement fermé dans $k(x)$.

e) — En particulier, lorsque B est la *droite projective* P_1, et qu'on a fait choix d'un système de coordonnées sur B (c'est-à-dire qu'on y a choisi les points $0, 1, \infty$) les applications rationnelles F définies sur k de A dans P_1 sont en correspondance biunivoque avec la réunion du corps $k(x)$ et du symbole ∞; on les appelle les *fonctions rationnelles sur A définies sur k* (cf. § 2, n° 2,a)). Les fonctions rationnelles sur A définies sur k qui sont autres que la fonction constante de valeur ∞ forment donc un corps isomorphe à $k(x)$, les opérations d'addition et de multiplication des fonctions étant définies par $(F + G)(x) = F(x) + G(x)$ et $(FG)(x) = F(x) G(x)$; on a alors $(F + G)(x') = F(x') + G(x')$ et $(FG)(x') = F(x') G(x')$ pour presque tout x' de A. Enfin, comme deux fonctions rationnelles sur A ont un corps de définition commun k', leur somme et leur produit sont définis (si elles sont distinctes de la constante ∞); ceux-ci sont indépendants du choix de k'; on en déduit que l'ensemble des fonctions rationnelles sur A (autres que la constante ∞) est un corps, qui est un surcorps du domaine universel; et l'on voit aussitôt que ce corps est isomorphe au corps absolu des fonctions rationnelles sur A (§ 7, n° 1,e)).

f) — On dit qu'une correspondance T entre deux variétés A et B est une *correspondance birationnelle* si T et T^{-1} sont des applications rationnelles de A sur B et de B sur A. Les applications composées

$T \bigcirc T^{-1}$ et $T^{-1} \bigcirc T$ (cf. c)) sont alors les applications identiques (c'est-à-dire les diagonales) de B et de A. L'on voit aussitôt que, pour que A et B soient birationnellement équivalentes (cf. § 1, n° 3,e)), il faut et il suffit qu'il existe une correspondance birationnelle entre A et B. On dit qu'une correspondance birationnelle T est *birégulière* au point x' de A si T et T^{-1} sont régulières en x' et en $T(x')$; la correspondance T est birégulière presque partout sur A, et T^{-1} sur B.

4 — Correspondance d'incidence d'un système algébrique de cycles.

a) – Soient U une variété projective, (S) un système algébrique de cycles positifs portés par U, et M l'ensemble algébrique associé à (S) (§ 9, n° 6,a)); pour y dans M, notons $Z(y)$ le cycle correspondant à y. Dans le produit $M \times U$ l'ensemble des couples (t, x) tels que $x \in \text{Supp}(Z(t))$ est un ensemble algébrique T (§ 9, n° 7, g)); on l'appelle la *correspondance d'incidence* du système (S). L'ensemble algébrique $\text{pr}_U(T)$ est appelé le *support* du système (S); c'est la réunion des supports des cycles appartenant à (S).

b) – Supposons maintenant que (S) soit un système *irréductible*, que U soit son support, et que le cycle générique $Z(t)$ de (S) sur k ait son support irréductible sur $k(t)$ (k désignant un corps de définition commun à U et (S)). Alors le point de Chow t de $Z(t)$ est un point générique de M sur k, et, si x désigne un point générique de $\text{Supp}(Z(t))$ sur $k(t)$, alors le lieu T' de (t, x) sur k est contenu dans la correspondance d'incidence T. Mais le résultat h) du § 9, n° 7 montre que, si (t', x') est un point quelconque de T, il existe un point de T de la forme $(t, \bar{x})$ tel que (t', x') soit spécialisation de $(t, \bar{x})$ sur k; comme $(t, \bar{x})$ est lui même spécialisation de (t, x) sur k, on en conclut que $T = T'$, et que *la correspondance d'incidence T est irréductible*.

c) – Dans ce dernier cas l'on peut appliquer le principe de décompte des constantes (n° 2,b)). Notons i la dimension du système (irréductible d'après le critère du n° 2,b)) des cycles Z de (S) contenant un point générique donné de U. On a alors, pour $Z \in (S)$:

$$\dim(T) = \dim(U) + i = \dim(S) + \dim(\text{Supp}(X)) \, .$$

d) – On dit qu'un système (S) de cycles positifs portés par une variété U est *involutif* s'il satisfait aux conditions énoncées en b) et si la correspondance T^{-1} réciproque de sa correspondance d'incidence T est une application rationnelle de U sur M; alors, par un point générique de U, il passe un cycle de (S) et un seul. En ce cas on a $i = 0$ et $\dim(U) = \dim(S) + \dim(Z)$ $(Z \in (S))$.

Chapitre II.

Géométrie algébrique locale.
Multiplicités d'intersection.

§ 1 — L'anneau local d'un point, ou d'une sous variété.
1 — Définitions.

a) — Soient V une k-variété affine et P un point de V. Dans le corps $F_k(V)$ des fonctions rationnelles sur V définies sur k, l'ensemble des fonctions de la forme a/b où a et b sont des polynômes tels que b ne soit pas nul en P est un *sous-anneau* de $F_k(V)$, admettant $F_k(V)$ pour corps des fractions. On appelle ce sous anneau *l'anneau local de P sur V*, ou *de V en P, relatif à k*, et on le note $\mathfrak{o}_k(P; V)$. Dans cet anneau les fonctions nulles en P forment un idéal, noté $\mathfrak{m}_k(P; V)$, et les éléments du complément de cet idéal sont les éléments inversibles de $\mathfrak{o}_k(P; V)$; donc $\mathfrak{m}_k(P; V)$ est *l'unique idéal maximal* de $\mathfrak{o}_k(P; V)$, et ceci justifie le nom d'anneau local (R. a.). Si nous désignons par $\mathfrak{C}$ l'anneau de coordonnées de V relatif à k, et par $\mathfrak{p}$ l'idéal premier des éléments de $\mathfrak{C}$ qui s'annulent en P, $\mathfrak{o}_k(P; V)$ n'est autre que *l'anneau des fractions* $\mathfrak{C}_\mathfrak{p}$, et l'idéal $\mathfrak{m}_k(P; V)$ est égal à $\mathfrak{p}\mathfrak{C}_\mathfrak{p}$; ceci montre que $\mathfrak{o}_k(P; V)$ est un anneau *noethérien*.

b) — Désignons maintenant par W le lieu de P sur k; l'anneau local $\mathfrak{o}_k(P; V)$ est évidemment l'ensemble des fonctions rationnelles a/b sur V dont le dénominateur b n'est pas identiquement nul sur W. On dit aussi que $\mathfrak{o}_k(P; V)$ est *l'anneau local de W sur V*, ou *de V en W*, ou *de V le long de W*, relatif à k; on le note aussi $\mathfrak{o}_k(W; V)$; on note aussi $\mathfrak{m}_k(W; V)$ l'idéal maximal de $\mathfrak{o}_k(W; V)$. Il est clair que toute sous k-variété W de V admet un anneau local sur V. Si W' est une sous k-variété de W, l'anneau $\mathfrak{o}_k(W'; V)$ est un *sous anneau* de $\mathfrak{o}_k(W; V)$; plus précisément $\mathfrak{o}_k(W; V)$ est *l'anneau des fractions* de $\mathfrak{o}_k(W'; V)$ relatif à l'idéal premier engendré dans $\mathfrak{o}_k(W'; V)$ par l'idéal premier de W. Notre première assertion s'énonce aussi sous la forme: si P' est une *spécialisation* de P sur k, l'anneau local de P' sur V est un *sous-anneau* de l'anneau local de P sur V; la réciproque en est facile. Etant données trois k-variétés V'', W, V telles que $W' \subset W \subset V$, l'anneau local $\mathfrak{o}_k(W'; W)$ est isomorphe à *l'anneau quotient* de $\mathfrak{o}_k(W'; V)$ par l'idéal premier formé par les fonctions de $\mathfrak{o}_k(W'; V)$ qui sont identiquement nulles sur W; on dit que cet idéal est l'idéal premier de W dans $\mathfrak{o}_k(W'; V)$. En particulier $\mathfrak{o}_k(W; W)$, qui est le corps des fonctions rationnelles sur W (définies sur k), est isomorphe au corps résiduel $\mathfrak{o}_k(W; V)/\mathfrak{m}_k(W; V)$.

c) — On remarquera que si l'on a quatre k-variétés A, B, C, D telles que $A \subset B \subset C \subset D$, l'on passe de $\mathfrak{o}_k(A; D)$ à $\mathfrak{o}_k(B; C)$ soit par formation de l'anneau quotient $\mathfrak{o}_k(A; C)$ puis par formation de l'anneau de fractions

$\mathfrak{o}_k(B;C)$, — soit par formation de l'anneau de fractions $\mathfrak{o}_k(B;D)$ puis par formation de l'anneau quotient $\mathfrak{o}_k(B;C)$. Ceci est un cas particulier de la permutabilité de ces deux opérations (R. b.).

d) — Soit F une *application rationnelle* (chap. I, § 10, n° 3) définie sur k d'une k-variété V sur une k-variété V'. Les coordonnées affines $(\bar{y}_j)$ de l'homologue $F(\bar{P})$ d'un point générique $\bar{P}$ de V sur k sont des fonctions rationnelles $\bar{y}_j = F_j(\bar{x})$ des coordonnées affines $(\bar{x})$ de $\bar{P}$. Nous identifions $k(\bar{x})$ au corps des fonctions rationnelles sur V définies sur k. Il résulte alors du chap. I, § 10, n° 3 que, pour que F soit *régulière* en un point P de V, il faut et il suffit que les $F_j(\bar{x})$ *appartiennent à l'anneau local* $\mathfrak{o}_k(P;V)$; c'est le cas pour tout point P de V lorsque F est une projection affine. Si F est régulière en P, on a $\mathfrak{o}_k(F(P);V') \subset \mathfrak{o}_k(P;V)$. Supposons de plus que F soit une correspondance *birationnelle*; pour que F soit *birégulière* au point P de V, il faut et il suffit que les anneaux locaux $\mathfrak{o}_k(P;V)$ et $\mathfrak{o}_k(F(P);V')$ soient *égaux*.

e) — Etudions maintenant le cas *projectif* (le cas multiprojectif se traitant de façon analogue). Considérons deux k-variétés projectives V et W telles que $W \subset V$. Soit (x) un point générique homogène de V sur k. On appelle *anneau local de W sur V* l'ensemble des quotients $F(x)/G(x)$ de formes de même degré telles que $G(x)$ n'appartienne pas à l'idéal homogène de W. Il est clair que c'est bien là un anneau local; et l'on voit sans peine que, pour tout choix de coordonnées affines pour lesquelles V et W sont à distance finie, cet anneau est isomorphe à $\mathfrak{o}_k(W;V)$.

2 — Dimension des anneaux locaux.

a) — Soient V et W deux k-variétés telles que $W \subset V$. La *dimension de l'anneau local* $\mathfrak{o}_k(W;V)$ (R. a.) *est égale à* $\dim(V) - \dim(W)$. Notons en effet r la dimension de $\mathfrak{o} = \mathfrak{o}_k(W;V)$, et soit $(u_1, \ldots, u_r)$ un système de paramètres de $\mathfrak{o}$ (R. a.). Notons $\mathfrak{C}$ l'anneau de coordonnées affines de V, et $\mathfrak{p}$ l'idéal premier de W dans $\mathfrak{C}$; par multiplication des u_i par des éléments inversibles de $\mathfrak{o}$, on peut supposer qu'ils appartiennent à $\mathfrak{C}$. Alors les u_i sont les fonctions induites sur V par les équations de r hypersurfaces H_i. Comme l'idéal $(u_1, \ldots, u_r)$ est primaire pour $\mathfrak{m} = \mathfrak{p} \cdot \mathfrak{o} = \mathfrak{p} \cdot \mathfrak{C}_\mathfrak{p}$, W est une composante de $H_1 \cap \cdots \cap H_r \cap V$; d'où $\dim(W) \geqq \dim(V) - r$ (chap. I, § 5,f)). Inversement l'on peut définir une suite $H_1, \ldots, H_q$ $(q = \dim(V) - \dim(W))$ d'hypersurfaces contenant toutes W et telles que toutes les composantes de $V \cap H_1 \cap \ldots \cap H_i$ soient de dimension $\dim(V) - i$ pour $i = 1, \ldots, q$ (chap. I, § 5,g)); alors l'idéal $\mathfrak{p}$ de W est l'un des idéaux premiers isolés de l'idéal $(u_1, \ldots, u_q)$ de $\mathfrak{C}$ engendré par les fonctions induites sur V par les équations des H_i; autrement dit l'idéal $(u_1, \ldots, u_q)$ de $\mathfrak{o}$ est primaire pour $\mathfrak{m}$, et l'on a $r \leqq q = \dim(V) - \dim(W)$; c.q.f.d.

b) — Les idéaux premiers de $\mathfrak{o}$ correspondent aux k-variétés U telles que $W \subset U \subset V$. Comme toute suite croissante de telles variétés a au plus

$\dim(V) - \dim(W) + 1$ termes distincts, ce maximum étant atteint (chap. I, § 5,g)), toute chaîne $\mathfrak{p}_1 \subset \mathfrak{p}_2 \subset \cdots \subset \mathfrak{p}_s$ d'idéaux premiers de $\mathfrak{o}$ a au plus $\dim(V) - \dim(W) + 1$ termes distincts, ce maximum étant atteint. Donc la dimension de $\mathfrak{o}$ au sens de KRULL (R. a.) est égale à $\dim(V) - \dim(W)$, c'est-à-dire à la dimension de $\mathfrak{o}$ au sens de CHE-VALLEY. L'identité de ces deux notions de dimension est d'ailleurs vraie pour tout anneau local noethérien, mais la démonstration en est bien plus compliquée (R. a.).

c) — Soient V et W deux k-variétés telles que $W \subset V$, $(x_1, \ldots, x_n)$ et $(x'_1, \ldots, x'_n)$ des points génériques de V et W sur k. Supposons, pour fixer les idées, que $(x'_1, \ldots, x'_d)$ forment une base de transcendance de $k(x')$ sur k. Comme (x') est une spécialisation de (x) sur k, les éléments $(x_1, \ldots, x_d)$ sont algébriquement indépendants sur k; nous pouvons donc identifier x'_i à x_i pour $1 \leq i \leq d$. L'anneau local $\mathfrak{o}_k(W; V)$ contient le corps $k(x_1, \ldots, x_d) = K$. Ceci étant, si V^0 et W^0 désignent les lieux de (x) et de (x') sur K, les *anneaux locaux* $\mathfrak{o}_k(W; V)$ *et* $\mathfrak{o}_K(W^0; V^0)$ *coïncident*; en effet l'anneau de coordonnées $\mathfrak{C}^0$ de V^0 et l'idéal premier $\mathfrak{p}^0$ de W^0 dans $\mathfrak{C}^0$ s'obtiennent à partir de l'anneau de coordonnées $\mathfrak{C}$ de V et de l'idéal premier $\mathfrak{p}$ de W dans $\mathfrak{C}$ par extension du corps de base de k en K, et, comme K est contenu dans $\mathfrak{o}_k(W; V)$, notre assertion s'ensuit. Comme W^0 est de dimension 0, on dit que le procédé que nous venons de décrire est un procédé de *réduction à la dimension* 0.

3 — Extension du corps de définition.

Considérons deux variétés *absolues* V, W définies sur k et telles que $W \subset V$; soit $\mathfrak{o}$ l'anneau local $\mathfrak{o}_k(W; V)$. Si k' est un surcorps de k, l'on peut aussi considérer l'anneau local $\mathfrak{o}' = \mathfrak{o}_{k'}(W; V)$. Rappelons (chap. I, § 7, n° 1) que l'anneau de coordonnées $\mathfrak{C}'$ de V sur k' est l'algèbre $\mathfrak{C}_{(k')}$ obtenue par extension à k' du corps d'opérateurs k de l'anneau de coordonnées $\mathfrak{C}$ de V sur k, et que l'idéal premier $\mathfrak{p}'$ de W dans $\mathfrak{C}'$ est l'idéal $\mathfrak{C}'\mathfrak{p}$ engendré par l'idéal premier $\mathfrak{p}$ de W dans $\mathfrak{C}$. Il n'en résulte *pas* que l'on ait $\mathfrak{o}' = \mathfrak{o}_{(k')}$ (il n'en est même pas ainsi lorsque $W = V$ et $\mathfrak{o}$ et que $\mathfrak{o}'$ sont des corps). Nous étudierons plus loin (n° 4), avec plus de détails, les relations entre $\mathfrak{o}$ et $\mathfrak{o}'$ (ou plutôt entre leurs complétés). Notons seulement les propriétés suivantes (où $\mathfrak{m}$ et $\mathfrak{m}'$ désignent les idéaux maximaux de $\mathfrak{o}$ et $\mathfrak{o}'$):

$$\mathfrak{m}' = \mathfrak{o}'\mathfrak{m} . \tag{1}$$

Si $\mathfrak{q}$ est primaire pour $\mathfrak{m}$, $\mathfrak{o}'\mathfrak{q}$ est primaire pour $\mathfrak{m}'$. $\quad$ (2)

Pour tout entier n, on a $\mathfrak{m}^n = \mathfrak{o} \cap \mathfrak{m}'^n$. $\quad$ (3)

La seule affirmation non triviale est qu'un élément a de $\mathfrak{o} \cap \mathfrak{m}'^n$ est dans $\mathfrak{m}^n$. Par multiplication par un élément inversible de $\mathfrak{o}$ l'on peut supposer que $a \in \mathfrak{C}$. On a alors $va = \sum_i u_i m_i$, où v est un élément de $\mathfrak{C}'$ inversible dans $\mathfrak{o}'$, où $u_i \in \mathfrak{C}'$

et où $m_i \in \mathfrak{m}^n$. Décomposons v et les u_i au moyen d'une base (linéaire) (e_j) de k' sur k, soit $v = \sum_j e_j v_j$, $u_i = \sum_j e_j u_{ji}$, avec $v_j, u_{ji} \in \mathfrak{C}$. L'un au moins des v_j n'appartient pas à $\mathfrak{p}$, sinon v appartiendrait à $\mathfrak{p}' = \mathfrak{C}'\mathfrak{p}$ et ne serait pas inversible dans $\mathfrak{o}'$. D'où, pour cet indice j, $v_j a = \sum_i u_{ji} m_i$, ce qui montre que $v_j a \in \mathfrak{p}^n$, donc que $a \in \mathfrak{m}^n$.

Si l'on prend pour k' le *domaine universel* U, l'anneau local $\mathfrak{o}_U(W; V)$ s'appelle *l'anneau local absolu* de W sur V, ou de V en W, ou de V le long de W; on le note $\mathfrak{o}(W; V)$.

4 — Anneaux locaux complétés.

a) – L'anneau local $\mathfrak{o}_k(W; V)$ peut être *complété* par rapport à la topologie définie par les puissances de son idéal maximal. On obtient ainsi un anneau local complet, qu'on note $\hat{\mathfrak{o}}_k(W; V)$, et qu'on appelle *l'anneau local complété de W sur V*, ou de V en W, ou de V le long de W (R. a.). Les anneaux $\mathfrak{o}_k(W; V)$ et $\hat{\mathfrak{o}}_k(W; V)$ ont même dimension (R. a.). On dit que V est *analytiquement irréductible* en W si $\hat{\mathfrak{o}}_k(W; V)$ n'a pas de diviseurs de zéro.

b) – La considération des anneaux locaux complétés va nous avoir une utilité immédiate dans l'étude des extensions du corps de définition et dans celle des variétés produits. Remarquons d'abord que tout anneau local $\mathfrak{o}$ de la forme $\mathfrak{o}_k(W; V)$ contient un corps K tel que $\mathfrak{o}/\mathfrak{m}$ (m: idéal maximal de $\mathfrak{o}$) soit une extension algébrique finie de l'image (isomorphe) de K dans $\mathfrak{o}/\mathfrak{m}$ (cf. n° 2,c)). Nous appellerons K un *corps de base* de $\mathfrak{o}$. Les anneaux $\mathfrak{o}/\mathfrak{m}^n$ (ou $\hat{\mathfrak{o}}/\hat{\mathfrak{o}} \cdot \mathfrak{m}^n$) sont des algèbres de dimension finie sur K.

c) – *Application à l'extension du corps de définition.* Supposons que V et W sont des variétés définies sur k telles que $W \subset V$, et que k' est un surcorps de k. Si K est un corps de base de $\mathfrak{o} = \mathfrak{o}_k(W; V)$, alors $K' = k'(K)$ est un corps de base de $\mathfrak{o}' = \mathfrak{o}_{k'}(W; V)$. Notons m et m' les idéaux maximaux de $\mathfrak{o}$ et $\mathfrak{o}'$. Nous allons montrer que l'algèbre $\mathfrak{o}'/\mathfrak{m}'^q$ s'obtient à partir de $\mathfrak{o}/\mathfrak{m}^q$ par extension à K' du corps de base K.

Soient en effet $\mathfrak{C}$ et $\mathfrak{C}'$ les anneaux de coordonnées de V sur k et k'. Considérons (cf. n° 2,c)) l'anneau $\mathfrak{D} = K[\mathfrak{C}]$ et son extension $\mathfrak{D}' = \mathfrak{D}_{(K')} = K'[\mathfrak{C}] = K'[\mathfrak{C}']$. Les idéaux premiers $\mathfrak{p}$ et $\mathfrak{C}'\mathfrak{p}$ de W dans $\mathfrak{C}$ et $\mathfrak{C}'$ engendrent dans $\mathfrak{D}$ et $\mathfrak{D}'$ des idéaux maximaux $\mathfrak{v}$ et $\mathfrak{v}'$. On a $\mathfrak{o} = \mathfrak{D}_\mathfrak{v}$, $\mathfrak{o}' = \mathfrak{D}'_{\mathfrak{v}'}$, $\mathfrak{m} = \mathfrak{o} \cdot \mathfrak{v}$, $\mathfrak{m}' = \mathfrak{o}'\mathfrak{v}' = \mathfrak{o}'\mathfrak{v}$. Comme $\mathfrak{v}$ et $\mathfrak{v}'$ sont maximaux, les anneaux $\mathfrak{o}/\mathfrak{m}^n$ et $\mathfrak{D}/\mathfrak{v}^n$ d'une part, $\mathfrak{o}'/\mathfrak{m}'^n$ et $\mathfrak{D}'/\mathfrak{v}'^n = \mathfrak{D}'/\mathfrak{D}'\mathfrak{v}^n$ de l'autre, sont isomorphes. D'où notre assertion.

Donc *l'anneau local complété $\hat{\mathfrak{o}}'$*, qui est la limite projective des anneaux $\mathfrak{o}'/\mathfrak{m}'^n$, c'est-à-dire des produits tensoriels $(\mathfrak{o}/\mathfrak{m}^n) \otimes_K K'$, est le *produit tensoriel complété* $\mathfrak{o} \hat{\otimes}_K K'$ (R. b.). D'autre part les *anneaux gradués associés* à $\mathfrak{o}'$ (grâce auxquels se calculent les multiplicités; cf. § 5) se déduisent des anneaux analogues relatifs à $\mathfrak{o}$ par extension du corps de base (remplacer m par un idéal q primaire pour m) (R. c.).

d) – *Application aux variétés produits.* – Soient V, W, V^0, W^0 quatre variétés définies sur k et telles que $W \subset V$ et $W^0 \subset V^0$; posons $\mathfrak{o} = \mathfrak{o}_k(W; V)$, $\mathfrak{o}^0 = \mathfrak{o}_k(W^0; V^0)$, et notons $\mathfrak{m}$ et $\mathfrak{m}^0$ les idéaux maximaux de ces deux anneaux. Nous pouvons supposer que les corps des fonctions rationnelles sur V et V^0 sont linéairement disjoints (chap. I, § 7, n° 3, b)): alors des corps de base K et K^0 de $\mathfrak{o}$ et $\mathfrak{o}^0$ sont linéairement disjoints sur k. Comme $V \times V^0$ et $W \times W^0$ sont des variétés définies sur k (chap. I, § 7, n° 3, b)), l'anneau local $\mathfrak{R} = \mathfrak{o}_k(W \times W^0; V \times V^0)$ est défini; il contient $\mathfrak{o}$ et $\mathfrak{o}^0$, et son idéal maximal $\mathfrak{M}$ est engendré par $\mathfrak{m}$ et $\mathfrak{m}^0$; il admet $L = K(K^0)$ pour corps de base. Nous allons montrer que $\hat{\mathfrak{R}}$ s'obtient à partir de $\mathfrak{o}$ et $\mathfrak{o}^0$ par «extension des corps de base», puis par formation d'un produit tensoriel complété. Plus précisément:

$$\mathfrak{R} \cong (\mathfrak{o} \,\overline{\otimes}_K\, L) \,\overline{\otimes}_L\, (\mathfrak{o}^0 \overline{\otimes}_{K^0} L) \,. \tag{1}$$

En effet, comme ci dessus, l'on considère les anneaux de coordonnées $\mathfrak{C}$ et $\mathfrak{C}^0$ de V et V^0 sur k, et les anneaux $\mathfrak{D} = K[\mathfrak{C}]$, $\mathfrak{D}^0 = K^0[\mathfrak{C}^0]$ et $\mathfrak{E} = L[\mathfrak{C}, \mathfrak{C}^0]$. Les idéaux premiers de W, W^0 et $W \times W^0$ y engendrent des idéaux maximaux $\mathfrak{v}$, $\mathfrak{v}^0$ et $\mathfrak{w}$, ce dernier étant engendré par $\mathfrak{v}$ et $\mathfrak{v}^0$. Alors $\mathfrak{R}/(\mathfrak{R} \cdot \mathfrak{v}^n + \mathfrak{R} \cdot \mathfrak{v}^{0\,n})$ est isomorphe à $\mathfrak{E}/(\mathfrak{E} \cdot \mathfrak{v}^n + \mathfrak{E} \cdot \mathfrak{v}^{0\,n})$, c'est-à-dire à $(\mathfrak{D}_{(L)} \otimes_L \mathfrak{D}^0_{(L)})/(\mathfrak{E} \cdot \mathfrak{v}^n + \mathfrak{E} \cdot \mathfrak{v}^{0\,n})$, ou à $(\mathfrak{D}_{(L)}/\mathfrak{D}_{(L)}\mathfrak{v}^n) \otimes_L (\mathfrak{D}^0_{(L)}/\mathfrak{D}^0_{(L)} \mathfrak{v}^{0\,n})$, ou encore à $(\mathfrak{D}/\mathfrak{v}^n)_{(L)} \otimes_L (\mathfrak{D}^0/\mathfrak{v}^{0\,n})_{(L)}$, ou enfin à $(\mathfrak{o}/\mathfrak{m}^n)_{(L)} \otimes_L(\mathfrak{o}^0/\mathfrak{m}^{0\,n})_{(L)}$. Ceci démontre notre assertion puisque $\hat{\mathfrak{R}}$ est limite projective des algèbres $\mathfrak{R}/(\mathfrak{R} \cdot \mathfrak{v}^n + \mathfrak{R} \cdot \mathfrak{v}^{0\,n})$.

§ 2 — Points normaux.

1 — Définitions.

a) – On dit qu'un point P d'une k-variété V (resp. une sous k-variété W de V) est k-*normal*, ou que V est k-*normale en* P (resp. *en* W) si l'anneau local $\mathfrak{o}_k(P; V)$ (resp. $\mathfrak{o}_k(W; V)$) est *intégralement clos* (R. a.). Une variété (absolue) V est dite *absolument normale* (ou normale si aucune confusion n'est à craindre) en une sous-variété W si V est k-normale en W pour tout corps k de définition commun à V et W.

b) – Lorsque V est une k-variété affinement (ou projectivement) normale sur k (chap. I, § 6, a)), alors tout point P de V est k-normal, puisque tout anneau de fractions d'un anneau intégralement clos est intégralement clos (R. b.). Réciproquement si tous les points *de dimension 0* (sur k) d'une k-variété *affine* V sont k-normaux, alors V est affinement normale sur k (R. c.). Par contre une k-variété projective peut fort bien être k-normale en tous ses points sans être projectivement normale sur k (par exemple la courbe de point générique homogène (u^4, u^3v, uv^3, v^4)). Une k-variété *projective* est dite k-*normale*, ou *localement normale* sur k, si tous ses points sont k-normaux; il faut et il suffit pour celà que tous ses points de dimension 0 (sur k) soient k-normaux, ou encore que V soit affinement normale sur k pour tout choix de coordonnées affines. Pour que la k-variété projective V soit

k-normale, il faut et il suffit que le *conducteur* $\mathfrak{f}$ de la clôture intégrale de l'anneau de coordonnées homogènes $\mathfrak{C} = k[x_0, \ldots, x_n]$ de V soit un idéal *impropre*, c'est-à-dire contienne une puissance de l'idéal $\mathfrak{q} = (x_0, \ldots, x_n)$ (R. d.).

En effet, pour la suffisance, on remarque que tout idéal premier homogène non impropre $\mathfrak{p}$ de $\mathfrak{C}$ satisfait à $\mathfrak{f} \not\subset \mathfrak{p}$; donc $\mathfrak{C}_{\mathfrak{p}}$ est intégralement clos (en tant qu'anneau de fractions de la clôture intégrale de $\mathfrak{C}$), et aussi son sous-anneau $\mathfrak{o}$ des éléments homogènes et de degré 0 (qui est l'anneau local de la sous-variété correspondant à $\mathfrak{p}$). Réciproquement supposons que V soit k-normale, et soit $a(x)/b(x)$ un élément de $k(x_0, \ldots, x_n)$ qui soit entier sur $k[x_0, \ldots, x_n]$; comme au chap. I, $\S\,6,c)$, on peut supposer que cet élément est homogène, c'est-à-dire que $a(x)$ et $b(x)$ sont des formes; on voit alors aussitôt que $d^0(a) \geqq d^0(b)$; posons $q = d^0(a) - d^0(b)$. Soit t une forme linéaire en les x_i, que nous prenons pour équation de l'hyperplan à l'infini; on voit aussitôt que $a(x)/t^q b(x)$ est entier sur l'anneau de coordonnées affines $k[x_0/t, \ldots, x_n/t]$, et donc lui appartient d'après l'hypothèse. Il existe par suite un exposant r tel que $t^r a(x)/b(x) \in \mathfrak{C}$, et donc aussi un exposant s tel que $\mathfrak{q}^s a(x)/b(x) \in \mathfrak{C}$. Comme la clôture intégrale de $\mathfrak{C}$ est un $\mathfrak{C}$-module de type fini, notre assertion est démontrée.

c) — L'invariance des anneaux locaux par transformation birationnelle birégulière montre l'*invariance birégulière* de la notion de locale normalité.

d) — Remarquons que, si V et W sont deux k-variétés telles que $W \subset V$ et que V soit k-normale en W, l'anneau local $\mathfrak{o}_k(W; V)$ est isomorphe à un anneau local de la forme $\mathfrak{o}_k(W'; V')$ où V' est affinement normale sur k; il suffit de prendre pour V' un modèle normal affine (chap. I, § 6,b)) de V, car $\mathfrak{o}_k(W; V)$ est alors un anneau de fractions $\mathfrak{C}'_{\mathfrak{p}'}$ de l'anneau de coordonnées affines $\mathfrak{C}'$ de V'. Les propriétés démontrées au chap. I, § 7, n° 4 montrent donc que, si V et W sont des variétés telles que $W \subset V$ et que V soit normale en W sur un corps k de définition commun à V et W, alors V est normale en W sur tout corps k' de définition de V et W contenu dans k, et sur toute extension k'' de k admettant une base de transcendance séparante; en particulier, pour que V soit absolument normale en W, il faut et il suffit que V soit normale en W sur un corps parfait de définition commun à V et W. D'autre part le chap. I, § 7, n° 5 montre que, si $W \subset V$ et $W' \subset V'$ sont des variétés, et si V et V' sont normales (sur k) en W et W', alors leur produit $V \times V'$ est normal (sur k) en $W \times W'$.

e) — Si V est normale (sur k) en W, et si U est une sous-k-variété de V contenant W, alors V est normale (sur k) en U; en effet (R. b.) tout anneau de fractions d'un anneau intégralement clos est intégralement clos, et on applique le § 1, n° 1,b).

2 — Correspondance entre une k-variété et un modèle normal associé.

a) — Nous allons maintenant étudier de plus près la correspondance entre une k-variété V et un modèle normal associé V^0 de V. Comme nous avons en vue une étude locale, nous pouvons nous placer dans l'espace affine; en effet, comme l'anneau de coordonnées de V^0 est entier sur celui de V, aucun point à distance finie de V n'est projection d'un point à l'infini de V^0 (cf. chap. I, § 4, n° 3, remarque 1). Notons $\mathfrak{C}$ et $\mathfrak{C}^0$ les anneaux de coordonnées affines de V et V^0, $\mathfrak{C}^0$ étant la clôture intégrale de $\mathfrak{C}$, et p la projection de V^0 sur V. Si W est une sous k-variété de V et si p désigne son idéal premier dans $\mathfrak{C}$, l'ensemble algébrique $p^{-1}(W)$ correspond à l'idéal $\mathfrak{C}^0 \mathfrak{p}$, et ses composantes $\overline{W}_i$ aux idéaux premiers isolés $\overline{\mathfrak{p}}_i$ de $\mathfrak{C}^0 \mathfrak{p}$. Un idéal premier $\overline{\mathfrak{p}}$ de $\mathfrak{C}^0$ tel que $\overline{\mathfrak{p}} \cap \mathfrak{C} = \mathfrak{p}$ figure parmi les $\overline{\mathfrak{p}}_i$ (R. a.); et la k-variété correspondante a même dimension que sa projection W, puisque $\mathfrak{C}^0/\overline{\mathfrak{p}}$ est entier sur $\mathfrak{C}/\mathfrak{p}$ (R. b.). Si un idéal $\overline{\mathfrak{p}}_i$ était tel que $\overline{\mathfrak{p}}_i \cap \mathfrak{C} \neq \mathfrak{p}$, on aurait $\dim(\overline{W}_i) < \dim(W)$ contrairement au théorème sur les dimensions d'intersection. Donc les $\overline{\mathfrak{p}}_i$ ne sont autres que les idéaux premiers $\overline{\mathfrak{p}}$ de $\mathfrak{C}^\circ$ tels que $\overline{\mathfrak{p}} \cap \mathfrak{C} = \mathfrak{p}$. En termes géométriques toutes les composantes $\overline{W}_i$ de $p^{-1}(W)$ ont *même dimension que W et admettent W pour projection*.

b) — Avec les mêmes notations considérons maintenant les anneaux locaux $\mathfrak{o} = \mathfrak{C}_\mathfrak{p}$ de W sur V et $\mathfrak{o}_i = \mathfrak{C}^0_{\overline{\mathfrak{p}}_i}$ de $\overline{W}_i$ sur V^0. Comme les $\mathfrak{o}_i$ sont intégralement clos, leur intersection $\mathfrak{J}$ contient la clôture intégrale $\mathfrak{o}'$ de $\mathfrak{o}$. D'autre part l'on voit aisément que $\mathfrak{J} = \mathfrak{C}^0_{S'}$; où S' est le complément de $\underset{i}{\bigcup} \overline{\mathfrak{p}}_i$ dans $\mathfrak{C}^0$, et que $\mathfrak{o}' = \mathfrak{C}^0_S$ où $S = \mathfrak{C} - \mathfrak{p}$. Or, pour $s' \in S'$, aucun idéal premier $\overline{\mathfrak{p}}$ de $\mathfrak{C}^0 s'$ n'est tel que $\overline{\mathfrak{p}} \cap \mathfrak{C} \subset \mathfrak{p}$, sinon $\overline{\mathfrak{p}}$ serait contenu dans un $\overline{\mathfrak{p}}_i$ (R. c.). D'où aisément $\mathfrak{C}^0 s' \cap \mathfrak{C} \not\subset \mathfrak{p}$ et l'on a $\mathfrak{C}^0_S = \mathfrak{C}^0_{S'}$, c'est-à-dire $\mathfrak{o}' = \underset{i}{\bigcap} \mathfrak{o}_i$. Les idéaux maximaux $\overline{\mathfrak{m}}_i$ des $\mathfrak{o}_i$ induisent sur $\mathfrak{o}'$ des idéaux maximaux $\mathfrak{m}'_i$ tous distincts (puisque les traces des $\overline{\mathfrak{m}}_i$ sur $\mathfrak{C}^0$ sont toutes distinctes); les $\mathfrak{m}'_i$ sont les seuls idéaux maximaux de $\mathfrak{o}'$, et l'on a $\mathfrak{o}_i = \mathfrak{o}'_{\mathfrak{m}'_i}$. Le complété de l'anneau semi-local $\mathfrak{o}'$ est isomorphe au composé direct des complétés des $\mathfrak{o}_i$.

c) — En particulier lorsque V est *normale* en W, on a $\mathfrak{o} = \mathfrak{o}'$ et $p^{-1}(W)$ se réduit à une composante W'; la projection p est *birégulière* au point générique de W'. Lorsque V est normale la projection p est partout birégulière.

d) — Les points de V^0 où p n'est pas birégulière ont pour projections les points non normaux de V. Ceux-ci forment donc un *sous-ensemble algébrique F* de V, appelé l'*ensemble anormal* de V. Cet ensemble est défini par le *conducteur* $\mathfrak{f}$ de la clôture intégrale $\mathfrak{C}^0$ de $\mathfrak{C}$.

En effet si p est un idéal premier de $\mathfrak{C}$ ne contenant pas $\mathfrak{f}$, $\mathfrak{C}_\mathfrak{p}$ est intégralement clos: si a/b est entier sur $\mathfrak{C}_\mathfrak{p}$, il existe s dans $\mathfrak{C} - \mathfrak{p}$ tel que $s a/b$ soit entier sur $\mathfrak{C}$; alors, en prenant s' dans $\mathfrak{f} \cap (\mathfrak{C} - \mathfrak{p})$, on a $s s' a/b \in \mathfrak{C}$, et $a/b \in \mathfrak{C}_\mathfrak{p}$. Réciproquement, si $\mathfrak{C}_\mathfrak{p}$ est intégralement clos, il contient $\mathfrak{C}^0$, et tout élément de $\mathfrak{C}^0$ admet un dénominateur dans $\mathfrak{C} - \mathfrak{p}$; comme $\mathfrak{C}^0$ est un $\mathfrak{C}$-module de type fini, ceci montre que $\mathfrak{f} \cap (\mathfrak{C} - \mathfrak{p})$ n'est pas vide.

Ce résultat s'étend sans peine au cas projectif (et redémontre la caractérisation algébrique des variétés projectives localement normales donnée au n° 1, b)).

3 — Théorèmes d'irréductibilité et de normalité analytiques.

a) – Nous démontrerons d'abord le résultat purement algébrique suivant:

Soient $\mathfrak{o}$ un anneau d'intégrité local et intégralement clos, $\hat{\mathfrak{o}}$ son complété, $\hat{\mathfrak{o}}'$ la clôture intégrale de $\hat{\mathfrak{o}}$ dans son anneau total de fractions. S'il existe un élément $d \neq 0$ de $\mathfrak{o}$ tel que $d \cdot \hat{\mathfrak{o}}' \subset \hat{\mathfrak{o}}$ et que, pour tout idéal premier $\mathfrak{p}_i$ de $\mathfrak{o}\,d$, $\hat{\mathfrak{o}}/\hat{\mathfrak{o}}\,\mathfrak{p}_i$ n'ait pas d'éléments nilpotents, alors $\hat{\mathfrak{o}}$ est un anneau d'intégrité intégralement clos.

En effet, pour tout idéal premier $\mathfrak{p}^0$ de $\hat{\mathfrak{o}}\,d$, $\mathfrak{p}^0 \cap \mathfrak{o}$ est un idéal premier $\mathfrak{p}$ de $\mathfrak{o}\,d$; donc $\mathfrak{p}$ est isolé, et $\mathfrak{o}_{\mathfrak{p}}$ est l'anneau d'une valuation discrète (R. a.); ainsi $\mathfrak{p}^0$ est un idéal premier isolé de $\hat{\mathfrak{o}}\,d$ et de $\hat{\mathfrak{o}} \cdot \mathfrak{p}$. Formons l'anneau de fractions $\hat{\mathfrak{o}}_{\mathfrak{p}^0}$ (R. b.); soit $a \in \mathfrak{p}$, $a \notin \mathfrak{p}^{(2)}$; il existe c dans $\hat{\mathfrak{o}} - \mathfrak{p}^0$ tel que $c\mathfrak{p}^0 \subset \hat{\mathfrak{o}}\,a$ (prendre $c = xy$ où $x \in (\mathfrak{o}\,a : \mathfrak{p}) - \mathfrak{p}$ et où y est un élément non contenu dans $\mathfrak{p}^0$ de l'intersection des idéaux premiers de $\hat{\mathfrak{o}} \cdot \mathfrak{p}$ distincts de $\mathfrak{p}^0$). Donc, en notant h l'application canonique de $\hat{\mathfrak{o}}$ dans $\hat{\mathfrak{o}}_{\mathfrak{p}^0}$ (R. b.), l'idéal maximal de $\hat{\mathfrak{o}}_{\mathfrak{p}^0}$ est engendré par $h(a)$, et $\hat{\mathfrak{o}}_{\mathfrak{p}^0}$ est l'anneau d'une valuation discrète v. Posons $w = v \circ h$, et soit $w(d) = s$; ceci veut dire que $d \in \mathfrak{p}^{0\,(s)}$, $d \notin \mathfrak{p}^{0\,(s+1)}$, les idéaux primaires pour $\mathfrak{p}^0$ étant ses puissances symboliques. Pour tout élément z de $\hat{\mathfrak{o}}'$, on a $dz = y \in \hat{\mathfrak{o}}$; comme z est entier sur $\hat{\mathfrak{o}}$, on a $w(y) \geq s$. Comme ceci est vrai pour tout idéal premier $\bar{\mathfrak{p}}_i$ de $\hat{\mathfrak{o}}\,d$ $\left(\text{et qu'on a } \hat{\mathfrak{o}}\,d = \bigcap_i \bar{\mathfrak{p}}^{(s(i))}\right)$, d divise y dans $\hat{\mathfrak{o}}$, et l'on a $y = dz'$ avec $z' \in \hat{\mathfrak{o}}$. Comme $\mathfrak{o}$ est un anneau d'intégrité, d n'est pas diviseur de zéro dans $\hat{\mathfrak{o}}$ (R. c.), ni donc dans $\hat{\mathfrak{o}}'$; ainsi, de $d(z - z') = 0$, on déduit que $z = z' \in \hat{\mathfrak{o}}$; d'où $\hat{\mathfrak{o}} = \hat{\mathfrak{o}}'$.

Or il résulte de ce qui a été vu que le noyau $\mathfrak{v}_i$ de h est un idéal premier, et est l'intersection des puissances symboliques de $\bar{\mathfrak{p}}_i$. On a donc (en écrivant $\mathfrak{p}_i = \bar{\mathfrak{p}}_i \cap \mathfrak{o}$), pour tout exposant n, $\hat{\mathfrak{o}}\,d^n = \hat{\mathfrak{o}} \cdot \mathfrak{o}\,d^n$
$= \hat{\mathfrak{o}} \cdot \left(\bigcap_i \mathfrak{p}_i^{(s(i))}\right)^n = \hat{\mathfrak{o}} \cdot \left(\bigcap_i \mathfrak{p}_i^{(n\,s(i))}\right)$ (d'après la décomposition d'un idéal principal dans l'anneau intégralement clos $\mathfrak{o}$; (cf. R. a.)) $= \bigcap_i \bar{\mathfrak{p}}_i^{(n\,s(i))} \supset \bigcap_i \mathfrak{v}_i$.
Par conséquent $\bigcap_i \mathfrak{v}_i$ est contenu dans l'intersection des puissances de l'idéal maximal de $\hat{\mathfrak{o}}$; donc $\bigcap_i \mathfrak{v}_i = (0)$ (R. d.), et $\hat{\mathfrak{o}}$ n'a pas d'éléments nilpotents.

Enfin, comme l'anneau total des fractions S de $\hat{\mathfrak{o}}$ n'a pas d'éléments nilpotents, c'est un composé direct de corps. La décomposition correspondante $1 = e_1 + \cdots + e_h$ de 1 en idempotents orthogonaux montre que les e_i sont entiers sur $\hat{\mathfrak{o}}$ (car $e_i^2 - e_i = 1$), donc appartiennent à $\hat{\mathfrak{o}}$ (car $\hat{\mathfrak{o}}' = \hat{\mathfrak{o}}$). Mais, comme un anneau local n'a d'autres idempotents que 0 et 1, on en déduit que $h = 1$, que S est un corps, et que $\hat{\mathfrak{o}}$ est un anneau d'intégrité intégralement clos; c.q.f.d.

b) — Montrons maintenant que la première hypothèse énoncée en a) est vérifiée dans le cas géométrique. Plus précisément:

Si $\mathfrak{o}$ est un anneau local de la forme $\mathfrak{o}_k(W; V)$, et si $[k : k^p]$ est fini (p: exposant caractéristique de k), il existe un élément non nul d de $\mathfrak{o}$ tel que $d\hat{\mathfrak{o}}' \subset \hat{\mathfrak{o}}$.

Soit en effet K un corps de base de $\mathfrak{o}$ (§ 1, n° 4,b)); le degré $[K : K^p]$ est fini. Soit $(x_1, \ldots, x_q)$ un système de paramètres de $\mathfrak{o}$; ces éléments sont analytiquement indépendants sur K; l'anneau de fractions $\mathfrak{r} = (K[x_1, \ldots, x_q])_{(x_1, \ldots, x_q)}$ est un anneau local contenu dans $\mathfrak{o}$. Son complété $\hat{\mathfrak{r}}$ est l'anneau de séries formelles $K[[x_1, \ldots, x_q]]$, et $\hat{\mathfrak{o}}$ est entier (et fini) sur $\hat{\mathfrak{r}}$. Comme $[K : K^p]$ est fini, $\mathfrak{r}$ est un «noyau» (R. e.) et l'Algèbre (R. f.) montre que, pour toute base (z_i) du corps des fractions de $\mathfrak{o}$ sur celui de $\mathfrak{r}$, il existe un élément non nul d de $\mathfrak{r}$ tel que $d \cdot \hat{\mathfrak{o}}' \subset \sum_i \hat{\mathfrak{r}} \cdot z_i$. En prenant les z_i dans $\mathfrak{o}$, notre assertion est démontrée.

c) — Occupons nous maintenant de la seconde hypothèse. On a:

Pour tout anneau local $\mathfrak{o}$ de la forme $\mathfrak{o}_k(W; V)$, $\hat{\mathfrak{o}}$ n'a pas d'éléments nilpotents (théorème de CHEVALLEY).

Soit en effet a un élément nilpotent de $\hat{\mathfrak{o}}$. Comme aucun élément $x \neq 0$ de $\mathfrak{o}$ n'est diviseur de zéro dans $\hat{\mathfrak{o}}$ (R. c,), on peut considérer l'élément a/x de l'anneau total des fractions de $\hat{\mathfrak{o}}$. Comme a/x est nilpotent, il est entier sur $\hat{\mathfrak{o}}$; d'où $da/x \in \hat{\mathfrak{o}}$ d'après b). Si nous prenons $x = y^n$ où y est un élément non nul de l'idéal maximal $\mathfrak{m}$ de $\mathfrak{o}$ (ceci exclut le cas trivial où $\mathfrak{o}$ est un corps), on en déduit $da \in \bigcap_{n=1}^{\infty} \hat{\mathfrak{o}} \cdot \mathfrak{m}^n = (0)$ (R. d.). D'où $a = 0$ (R. c.).

d) — On peut alors énoncer le théorème suivant, dû à ZARISKI:

Si une k-variété V est k-normale en une sous-k-variété W, alors V est analytiquement irréductible (§ 1, n° 4, a)) et «analytiquement normale» en W.

La phrase «V est analytiquement normale en W» veut, naturellement, dire que le complété de $\mathfrak{o}_k(W; V)$ est un anneau d'intégrité intégralement clos.

e) — Remarquons enfin que, pour un anneau local $\mathfrak{o}$ de la forme $\mathfrak{o}_k(W; V)$, les opérations de complétion et de clôture intégrale sont *permutables*. En effet notons $\mathfrak{o}'$ la clôture intégrale de $\mathfrak{o}$ (c'est un anneau semi-local), $c(\mathfrak{o})$ et $c(\mathfrak{o}')$ les complétés de $\mathfrak{o}$ et $\mathfrak{o}'$, et $c(\mathfrak{o})'$ la clôture intégrale de $c(\mathfrak{o})$ (dans son anneau total de fractions A). D'après b) il existe $d \neq 0$ dans $\mathfrak{o}$ tel que $d \cdot c(\mathfrak{o})' \subset c(\mathfrak{o})$; on a donc aussi $d \cdot \mathfrak{o}' \subset \mathfrak{o}$, car $\mathfrak{o}$ est l'intersection de son corps des fractions avec $c(\mathfrak{o})$ (R. c.). Par complétion l'on obtient $d \cdot c(\mathfrak{o}') \subset c(\mathfrak{o})$ ce qui montre que $c(\mathfrak{o}')$ s'identifie à un sous-anneau de A; et l'on voit que $c(\mathfrak{o}')$ est entier sur $c(\mathfrak{o})$. Il ne reste plus qu'à montrer que $c(\mathfrak{o}')$ est intégralement clos; or c'est un anneau semi-local composé direct)d'anneaux locaux complets (n° 2,b)), et ceux-ci sont des anneaux d'intégrité intégralement clos d'après d).

4 — Régularité des applications rationnelles en un point normal.

Soit F une application rationnelle d'une k-variété V dans une k-variété projective W. *Si P est un point normal de V tel que $F(P)$ $(= \mathrm{pr}_W(F \cap (P \times W))$ se réduise à un nombre fini de points, alors F est régulière en P, et $F(P)$ se réduit à un point.* Soit en effet $\overline{P}$ un point générique de V sur k. Choisissons un système de coordonnées affines tel que les points composant $F(P)$ soient tous à distance finie. Alors toutes les spécialisations de $F(\overline{P})$ prolongeant $\overline{P} \to P$ sont finies. Donc les coordonnées de $F(\overline{P})$ sont entières sur $\mathfrak{o}_k(P; V)$ (R. a.). Comme cet anneau est intégralement clos, la conclusion s'ensuit.

§ 3 — Cône des tangentes. Espace tangent de Zariski.

a) — Soient V une k-variété, P un point de V *rationnel sur k,* $\mathfrak{o} = \mathfrak{o}_k(P; V)$ l'anneau local de P sur V (relatif à k), et $\mathfrak{m}$ son idéal maximal; le corps résiduel $\mathfrak{o}/\mathfrak{m}$ est isomorphe à k. Si $(a_1, \ldots, a_n)$ sont les coordonnées affines de P, $\mathfrak{m}$ est engendré par les fonctions $x_i - a_i$, où les x_i sont les fonctions induites sur V par les coordonnées X_i. Formons l'anneau gradué $F(\mathfrak{m}) = \sum_{n=0}^{\infty} \mathfrak{m}^n/\mathfrak{m}^{n+1}$ associé à $\mathfrak{o}$; il est engendré sur k par les classes $(\overline{x}_i - a_i)$ des $(x_i - a_i)$ mod. $\mathfrak{m}^2$; c'est donc un quotient de l'anneau de polynômes $k[Y_1, \ldots, Y_n]$ $(Y_i = X_i - a_i)$ par un idéal homogène $\mathfrak{a}$. L'ensemble algébrique C défini par $\mathfrak{a}$ est un cône de sommet P, appelé le *cône des tangentes* à V en P. La variété linéaire Z définie par l'annulation des formes linéaires contenues dans $\mathfrak{a}$ contient C; elle est canoniquement isomorphe au *dual* de l'espace vectoriel $\mathfrak{m}/\mathfrak{m}^2$ (sur k); on l'appelle *l'espace tangent de* Zariski *à V en P*; d'après la définition de Z, les variétés linéaires contenant P et transversales à Z ne sont autres que celles dont les équations engendrent $\mathfrak{m}$ mod. $\mathfrak{m}^2$, c'est-à-dire celles dont les équations engendrent $\mathfrak{m}$ (R. a.). Ainsi, en prenant les $Y_i = X_i - a_i$ pour variables, on obtient un système d'équations de l'espace tangent Z en prenant un système d'équations $(F_\alpha(X) = 0)$ de V et en annulant les formes linéaires des polynômes $F_\alpha(X - a)$; en d'autres termes un système d'équations de Z s'écrit

$$\sum_{i=1}^{n} (X_i - a_i) \cdot \frac{\partial F_\alpha}{\partial x_i}(a) = 0 . \tag{1}$$

L'espace Z n'est pas nécéssairement la variété linéaire engendrée par le cône C, comme le montre l'exemple de l'origine 0 sur la courbe plane $(Y^2 - X^3 = 0)$ (où Z est le plan tout entier, et où C est l'axe $0X$).

b) — Lorsque $\mathfrak{a}$ est un idéal premier, $F(\mathfrak{m})$ est un anneau d'intégrité, et $\hat{\mathfrak{o}}$, qui admet aussi $F(\mathfrak{m})$ pour anneau gradué associé, est un anneau d'intégrité (R. b.); donc V est analytiquement irréductible en P. Si, de plus, P est un point normal de C, $F(\mathfrak{m})$ est intégralement clos, et donc aussi $\mathfrak{o}$ et $\hat{\mathfrak{o}}$ (R. c.); ainsi P est un point normal de V.

c) — Justifions maintenant le nom de *cône des tangentes* en montrant que C est la réunion des «sécantes limites» de V passant par P. Notons $\overline{P}$ un point générique de V sur k; on appelle *sécante limite* à V par P toute spécialisation D de la droite $\overline{P}P$ prolongeant la spécialisation $\overline{P} \rightarrow P$ (sur k). Pour alléger nous mettrons l'origine des coordonnées en P. Soient (x_i) les coordonnées affines de $\overline{P}$; tout point générique (y) de $P\overline{P}$ est de la forme $y_i = t\,x_i$ (t: transcendant sur $k(x)$), et, pour que (y') soit un point d'une sécante limite en P, il faut et il suffit qu'il existe une spécialisation de la forme $(0, y', t')$ de (x, y, t) sur k. Si t' est fini, on a $y'_i = 0$. Donc, pour que le point (y') soit distinct de l'origine P, il faut que $t' = \infty$; en d'autres termes les points (y') des sécantes limites en P (à l'exception éventuelle de P) sont ceux tels que $(0, y', 0)$ soit spécialisation de (x, y, u) sur k, où $u = 1/t$, c'est-à-dire $x_i = u\,y_i$. Les relations algébriques satisfaites par (x, y, u) sur k sont toutes conséquences des relations $x_i = u\,y_i$ et des relations $F(u\,y_1, \ldots, u\,y_n) = 0$ où F appartient à l'idéal de V sur k; une relation de ce type s'écrit, puisque $u \neq 0$ par hypothèse

$$F_d(y) + uF_{d+1}(y) + \cdots + u^s F_{d+s}(y) = 0$$

où F_j désigne la forme de degré j de F. On en déduit que les points (y') sont ceux qui satisfont à toutes les équations $F_d(y') = 0$, c'est-à-dire ceux qui annulent les formes de plus bas degrés de toutes les équations de V. D'autre part le cône des tangentes C est, par définition, défini par l'annulation des formes $G(X_1, \ldots, X_n)$ telles que $G(x) \in \mathfrak{m}^{d^\circ(G)+1}$. Et l'on constate aisément que les formes F_d sont les mêmes que les formes G; c.q.f.d.

d) — Ce qui vient d'être vu montre que, si V est une *hypersurface* d'équation $F(X) = 0$ et passant par l'origine, son cône des tangentes C est défini par l'annulation de la forme de plus bas degré de F.

e) — Avec les notations de c) le lieu R du point (x, y, u) sur k ($x_i = u\,y_i$) est de dimension $d + 1$ ($d = \dim(V)$) car u est transcendant sur $k(x)$. Donc sa section par l'hyperplan $U = 0$, qui est affinement isomorphe à C, a toutes ses composantes de dimension d, puisqu'aucune n'est égale à R. Donc le cône des tangentes C à V en P est un *k-ensemble équidimensionnel de dimension* $\dim(V)$.

f) — Considérons maintenant une *sous k-variété* W de V passant par P. L'anneau local $\mathfrak{o}'$ de P sur W est isomorphe au quotient $\mathfrak{o}/\mathfrak{p}$ de l'anneau local $\mathfrak{o}$ de P sur V par l'idéal premier $\mathfrak{p}$ de W (§ 1, n° 1,b)). Son anneau gradué associé $F(\mathfrak{m}')$ ($\mathfrak{m}' = \mathfrak{m}/\mathfrak{p}$) est alors canoniquement isomorphe à un quotient de $F(\mathfrak{m})$ (par l'application canonique de $\mathfrak{m}^n/\mathfrak{m}^{n+1}$ sur $(\mathfrak{m}^n + \mathfrak{p})/(\mathfrak{m}^{n+1} + \mathfrak{p})$). Donc le cône des tangentes C' à W en P est *contenu* dans le cône des tangentes C à V en P. Ceci peut aussi se déduire de c).

g) – Si p est une *projection* de V sur V', l'anneau local $\mathfrak{o}'$ de $P' = p(P)$ sur V' est un sous-anneau de $\mathfrak{o}$, et l'on a $\mathfrak{m}'^n \subset \mathfrak{m}^n$, $\mathfrak{m}'$ désignant l'idéal maximal de $\mathfrak{o}'$. Il existe alors une application canonique de $\mathfrak{m}'^n/\mathfrak{m}'^{n+1}$ dans $\mathfrak{m}^n/\mathfrak{m}^{n+1}$, donc de $F(\mathfrak{m}')$ dans $F(\mathfrak{m})$, et un anneau quotient de $F(\mathfrak{m}')$ est canoniquement isomorphe à un sous-anneau de $F(\mathfrak{m})$. En termes géométriques ceci veut dire que le cône des tangentes C' à V' en P' *contient la projection* $p(C)$ du cône des tangentes C à V en P. Pour que C' soit *égal* à $p(C)$, il suffit que l'on ait $\mathfrak{m}'^n = \mathfrak{m}^n \cap \mathfrak{o}'$ pour tout n. Lorsque p est birégulière en P, on a $C' = p(C)$. Des considérations analogues valent pour l'espace tangent de Zariski.

h) – Si V et V' sont des k-variétés, et P et P' des points rationnels sur k de V et V', le cône des tangentes à $V \times V'$ en $P \times P'$ est égal au *produit* $C \times C'$ des cônes des tangentes à V en P et à V' en P' (cf. § 1, n° 4,d)). De même pour les espaces tangents de Zariski.

i) – Supposons maintenant que V soit une *variété* (absolue). Comme l'extension du corps de définition k ne fait qu'étendre le corps de base des algèbres $\mathfrak{o}/\mathfrak{m}^n$ (§ 1, n° 4,c)), et que $\mathfrak{m}$ reste maximal par une telle extension, le cône des tangentes C est indépendant du corps de définition choisi.

j) – Soit P un point rationnel sur k d'une k-variété V^d dans A_n; nous supposons k infini; et nous prenons P pour origine. Nous nous proposons d'étudier à quelles conditions une projection p est *birégulière* en P. Si q est la dimension de l'espace affine $p(A_n)$, p est définie par $n - q$ formes linéaires Y_j, $(Y_j = 0)$ étant un système d'équations de la projetante de P. Si (x) est un point générique de V sur k, la projection V' de V est le lieu de (y) sur k, où les y_j sont les combinaisons linéaires des x_i induites par les Y_j sur V. Nous imposerons à p les conditions suivantes:

1) Le système $(y_1, \ldots, y_q)$ contient une base de transcendance séparante $(y_1, \ldots, y_d)$ de $k(x)$ sur k, et un élément primitif y_{d+1} de $k(x)$ sur $k(y_1, \ldots, y_d)$; alors $k(x) = k(y)$ et p est une correspondance birationnelle entre V et V'. Ceci implique $q \geq d + 1$; et, si $q \geq d + 1$, cette condition est réalisée si on prend des combinaisons linéaires Y_j suffisament générales (chap. I, § 8, n° 3,a) et b)).

2) La projetante D de P ne rencontre V qu'en P (à distance finie ou infinie). Ceci est encore réalisé pour presque toute p si $q \geq d + 1$.

3) La projetante D de P est transversale à l'espace tangent de Zariski Z à V en P. Ceci est réalisé pour presque toute p si $q \geq \dim(Z)$. Alors les y_j engendrent l'idéal maximal $\mathfrak{m}$ de l'anneau local $\mathfrak{o}$ de P sur V (cf. a)).

Dans ces conditions l'anneau local $\mathfrak{o}'$ de $p(P)$ sur $V' = p(V)$ a même corps des fractions que $\mathfrak{o}$ (par 1)), et $\mathfrak{o}$ est entier sur $\mathfrak{o}'$ (par 2)). Donc

$\mathfrak{o}'$ est un sous-espace topologique de $\mathfrak{o}$ (R. d.), et son complété $\hat{\mathfrak{o}}'$ s'identifie à un sous-anneau de $\mathfrak{o}$; comme ils sont tous deux analytiquellement engendrés par les y_j sur k (par 3)), on a $\hat{\mathfrak{o}} = \hat{\mathfrak{o}}'$. Or, comme $\hat{\mathfrak{o}} \cap k(x) = \mathfrak{o}$ (R. e.), on en déduit $\mathfrak{o} = \mathfrak{o}'$, et p est *birégulière* (§ 1, n° 1, d)).

On voit donc que, *lorsque* dim$(Z) \geqq d + 1$ (c'est-à-dire lorsque P n'est pas un point simple de V; cf. § 4), l'entier dim(Z) $(= \dim_k(\mathfrak{m}/\mathfrak{m}^2))$ est un *invariant d'immersion* du point singulier P. En effet, si V est plongée dans A_n, on a évidemment dim$(Z) \leq n$. Et nous venons de voir qu'il existe un modèle V' de V, birégulièrement équivalent à V en P et plongé dans un espace affine de dimension dim(Z).

§ 4 — Points simples.

1 — Définitions et critères locaux de simplicité.

a) — Soient V et W deux k-variétés telles que $W \subset V$. On dit que W est k-*simple sur* V, ou que V est k-*simple en* W, si l'anneau local $\mathfrak{o}_k(W; V)$ est régulier (R. a.). On dit qu'un point P de V est k-simple si son lieu W sur k est k-simple sur V; il revient au même de dire que $\mathfrak{o}_k(P; V)$ est un anneau local régulier. L'Algèbre (R. a.) donne aussitôt les *critères* suivants de k-simplicité de W sur V:

L'idéal maximal $\mathfrak{m} = \mathfrak{m}_k(W; V)$ *de* $\mathfrak{o}_k(W; V)$ *est engendré par* dim(V) − dim(W) *éléments.* (1)

L'espace vectoriel $Z_k(W; V) = \mathfrak{m}/\mathfrak{m}^2$ (*sur* $\mathfrak{o}/\mathfrak{m}$) *est de dimension égale à* dim(V) − dim(W). (2)

En général la dimension de $Z_k(W; V)$, qui est égale au nombre minimum de générateurs de $\mathfrak{m}$, est au moins égale à dim(V) — dim(W).

b) — Lorsque P est un point *rationnel* sur k, $Z_k(P; V)$ est l'espace tangent de Zariski à V en P (§ 3). Dire que P est k-simple sur V veut alors dire que $Z_k(P; V)$ est de dimension dim(V) sur k, c'est-à-dire (§ 3, e)) qu'il est *identique au cône des tangentes* à V en P. Un autre critère de simplicité est, d'après les équations de $Z_k(P; V)$ (§ 3, a)) que la matrice jacobienne $(\partial F_\alpha / \partial X_i)$ d'un système d'équations de V soit de rang $n - \dim(V)$ en P. Nous généraliserons plus loin ce résultat.

c) — Comme un anneau local régulier est intégralement clos (R. b.) une k-variété W qui est k-simple sur V est k-*normale* sur V. Lorsque dim$(W) = \dim(V) - 1$ la *réciproque* est exacte, car un anneau local intégralement clos et de dimension 1 est l'anneau d'une valuation discrète (R. c.), et est donc régulier; cette réciproque ne s'étend naturellement pas au cas où dim(V) − dim$(W) > 1$ (exemple du sommet d'un cône quadratique). On remarquera aussi que, si W est k-simple sur V, l'anneau local $\mathfrak{o}_k(W; V)$ est *factoriel* (R. d.).

d) — Si T est une correspondance birationnelle définie sur k de V sur V', et si T est birégulière en W, W est k-simple sur V si et seulement si $W' = T(W)$ est k-simple sur V' (*invariance birégulière* de la notion de sous-variété simple): en effet les anneaux locaux $\mathfrak{o}_k(W;V)$ et $\mathfrak{o}_k(W';V')$ sont isomorphes (§ 1, n° 1,d)).

e) — *Toute k-variété W contenue dans un espace affine (ou projectif) A est k-simple sur A.* On se ramène aussitôt au cas affine (§ 1, n° 1,e)). On procède alors par récurrence sur $\dim(A) - \dim(W)$. Le cas où W est une hypersurface est facile, car l'idéal de W, et donc aussi $\mathfrak{m}_k(W;A)$, est principal (chap. I, § 1, n° 6). Dans le cas général notons $(x_1, \ldots, x_n)$ un point générique de W, et supposons que $(x_1, \ldots, x_d)$ forment une base de transcendance de $k(x)$ sur k. Soient $(y_{d+2}, \ldots, y_n)$ des variables indépendantes sur $k(x_1, \ldots, x_{d+1})$; notons V^{n-1} la k-variété lieu de $(x_1, \ldots, x_{d+1}, y_{d+2}, \ldots, y_n)$ sur k. Par réduction à la dimension zéro (§ 1, n° 2,c)) l'anneau $\mathfrak{o}_k(W;V)$ est isomorphe à $\mathfrak{o}_{k'}(W';V')$, où $k' = k(x_1, \ldots, x_{d+1})$ et où W' et V' désignent les lieux de $(x_{d+2}, \ldots, x_n)$ et de $(y_{d+2}, \ldots, y_n)$ sur k'. Comme V' est un espace affine de dimension $n - d - 1$ et comme W' est de dimension 0, l'anneau local $\mathfrak{o}_k(W;V)$ est régulier d'après l'hypothèse de récurrence, et $\mathfrak{m}_k(W;V)$ est engendré par $n - d - 1$ éléments. Or $\mathfrak{o}_k(W;V)$ est quotient de $\mathfrak{o}_k(W;A)$ par l'idéal premier de V^{n-1}, lequel est principal. Donc $\mathfrak{m}_k(W;A)$ est engendré par $n - d - 1 + 1 = n - d$ éléments, ce qui démontre notre assertion.

f) — Soient V et W deux k-variétés de l'espace affine A^n telles que $W \subset V$; posons $\mathfrak{o} = \mathfrak{o}_k(W;A)$, $\mathfrak{m} = \mathfrak{m}_k(W;A)$, et notons $\mathfrak{p}$ l'idéal premier de V dans $\mathfrak{o}$. Comme $\mathfrak{o}_k(W;V) = \mathfrak{o}/\mathfrak{p}$, l'espace $Z_k(W;V)$ est isomorphe à $\mathfrak{m}/(\mathfrak{m}^2 + \mathfrak{p})$, c'est-à-dire au quotient de $Z_k(W;A)$ par l'image canonique de $\mathfrak{p}$ dans $Z_k(W;A)$. Comme $\dim(Z_k(W;A)) = \dim(A) - \dim(W)$ (d'après e)), les critères (1) et (2) de a) montrent qu'on a les nouveaux *critères* suivants de k-simplicité de W sur V:

L'image canonique $(\mathfrak{p} + \mathfrak{m}^2)/\mathfrak{m}^2$ de l'idéal de V dans $Z_k(W;A)$ est de dimension $\dim(A) - \dim(V)$. $\qquad(3)$

Si $(F_\alpha(X))$ est un système d'équations de V, les images canoniques des $F_\alpha(X)$ dans $Z_k(W;A)$ forment un système de rang $\dim(A) - \dim(V)$. $\quad(4)$

L'Algèbre (R. a.) montre aussitôt que (3), ou (4), équivaut à:

L'idéal $\mathfrak{p}$ est engendré par $\dim(A) - \dim(V)$ éléments de $\mathfrak{m}_k(W;A)$ linéairement indépendants mod. $\mathfrak{m}_k(W;A)^2$. $\qquad(5)$

Dans tout ceci l'on peut remplacer l'espace affine A par n'importe quelle k-variété contenant V et sur laquelle W est simple.

g) — Soient U, V, W trois k-variétés telles que $W \subset V \subset U$. Si W est k-simple sur U, alors V est simple sur U; en effet tout anneau de fractions d'un anneau local géométrique régulier est régulier (R. d.). Ce résultat peut aussi se déduire du critère jacobien de k-simplicité (cf. n° 2).

h) — Etant donné un idéal $\mathfrak{a}$ de $k[X_1, \ldots, X_n)$ on dit qu'un point P de $A_n(K)$ est un *zéro k-simple* de $\mathfrak{a}$ si P appartient à une composante V et une seule de $V_K(\mathfrak{a})$, si $\mathfrak{a}$ admet l'idéal premier $\mathfrak{I}_k(V)$ comme composante primaire (néc\u00e9ssairement isolée), et si P est un point k-simple de V. Les deux premières conditions veulent dire que $\mathfrak{a}$ engendre un idéal premier (celui de V) dans $\mathfrak{o}_k(P; A)$. La dernière veut alors dire que, si $(F_\alpha(X))$ est un système de générateurs de $\mathfrak{a}$, les images canoniques des $F_\alpha(X)$ dans $Z_k(P; A)$ forment un système de rang $\dim(A) - \dim(V)$ (critère (4) de f)). Pour que P soit un zéro k-simple de $\mathfrak{a}$, il faut et il suffit, d'après le critère (5) de f), que, dans $\mathfrak{o}_k(P; A)$, l'idéal $\mathfrak{a} \cdot \mathfrak{o}_k(P; A)$ soit engendré par des éléments linéairement indépendants mod. $\mathfrak{m}_k(P;A)^2$. On remarquera que les points k-simples d'une k-variété V ne sont autres que les zéros k-simples de l'idéal premier de V.

2 — Critères jacobiens de simplicité.

a) — Nous nous proposons maintenant de donner un critère de k-simplicité ressemblant au critère jacobien classique. Soit p l'exposant caractéristique de k (R. a.). Nous supposerons, pour plus de commodité, que $[k : k^p]$ est fini (mais cette hypothèse n'est pas essentielle); on a alors $[k : k^p] = p^s$ (on prend $s = 0$ si $p = 1$). Alors k admet, sur k^p, une p-base (z_j) de s éléments (R. b.) et l'espace vectoriel des dérivations de k sur k^p est de dimension s: il est engendré par les dérivations D'_j $(j = 1, \ldots, s)$ définies par $D'_j(z_j) = 1$, $D'_j(z_{j'}) = 0$ pour $j' \neq j$,

Lemme 1 — Soit $k(x_1, \ldots, x_n)$ une extension de type fini et de degré de transcendance r de k. L'espace vectoriel des dérivations de $k(x)$ sur k^p est de dimension $r + s$.

En effet, lorsque $p = 1$, on a $s = 0$, et le lemme est bien connu puisque $k(x)$ est alors séparable sur $k = k^p$. Pour $p > 1$ toute dérivation de $k(x)$ est nulle sur $k^p(x^p)$, et il va nous suffire de montrer que l'on a $[k(x) : k^p(x^p)] = p^r \cdot [k : k^p]$. Par récurrence sur le nombre des x_i on est aussitôt ramenés au cas où $n = 1$, c'est-à-dire où (x) se réduit à une seule quantité x. Le cas où x est transcendant sur k $(r = 1)$ est facile. Pour montrer que, quand x est algébrique sur k, on a $[k(x) : k^p(x^p)] = [k : k^p]$, on traite d'abord le cas où x est séparable sur k, cas dans lequel l'égalité annoncée est conséquence facile de la disjonction linéaire de $k^p(x^p)$ et de k sur k^p, et du fait que $k(x^p) = k(x)$. On est alors ramené au cas où $x^p \in k$ et $x \notin k$; dans ce cas les inclusions $k^p \subset k^p(x^p) \subset k \subset k(x)$ et les égalités $[k(x) : k] = [k^p(x^p) : k^p] = p$ résolvent la question; c.q.f.d.

Considérons alors les dérivations D_i $(i = 1, \ldots, n)$ et D'_j $(j = 1, \ldots, s)$ du corps de fractions rationnelles $k(X_1, \ldots, X_n)$ ainsi définies: D_i est la dérivation partielle $\partial/\partial X_i$ et D'_j est le prolongement trivial (i. e. $D'_j(X_i) = 0$) de la dérivation ci-dessus définie de k sur k^p. Etant donnés un système (F_α) de fractions rationnelles et un point $(x_1, \ldots, x_n)$ nous noterons $J(F, x)$ et $J(F, x, z)$ les «*matrices jacobiennes*» $((D_i F_\alpha)(x))$ et $((D_i F_\alpha)(x), (D'_j F_\alpha)(x))$ $((z): p$-base de k sur $k^p)$.

Lemme 2 — Soient W une k-variété de dimension r, (x) un point générique de W et (F_α) un système d'équations de W. Le rang de $J(F, x, z)$ est $n - r$. Si $k(x)$ est séparable sur k, le rang de la sous-matrice $J(F, x)$ est aussi égal à $n - r$.

En effet les équations $\sum_i (D_i F_\alpha)(x) u_i + \sum_j (D'_j F_\alpha)(x) v_j = 0$ (resp. $\sum_i (D_i F_\alpha)(x) u_i = 0$) expriment qu'il existe une dérivation D de $k(x)$ sur k^p définie par $D x_i = u_i$, $D z_j = v_j$ (resp. une dérivation de $k(x)$ sur k définie par $D x_i = u_i$). Donc le rang de ce système est égal à la différence entre $n + s$ (resp. n) et la dimension de l'espace vectoriel des dérivations de $k(x)$ sur k^p (resp. k). Comme cette dimension est $r + s$ d'après le lemme 1 (resp. r d'après la séparabilité) nos assertions sont démontrées.

Ceci étant nous remarquons que l'anneau local $\mathfrak{o} = \mathfrak{o}_k(W; A^n)$ est stable pour les dérivations D_i et D'_j (formule donnant la dérivée d'un quotient). On peut alors, pour tout u dans $\mathfrak{o}$, considérer les classes $(D_i u)(x)$ et $(D'_j u)(x)$ des $D_i u$ et $D'_j u$ mod. $\mathfrak{m} = \mathfrak{m}_k(W; A)$ (notations de lemme 2), et le vecteur $D^W(u)$ de composantes $((D_i u)(x), (D'_j u)(x))$ dans $(\mathfrak{o}/\mathfrak{m})^{n+s}$ (resp. le vecteur $D_0^W(u)$ de composantes $((D_i u)(x))$ dans $(\mathfrak{o}/\mathfrak{m})^n)$. En notant par des barres les classes mod. $\mathfrak{m}$, on a $D^W(yz) = \bar{y} D^W(z) + \bar{z} D^W(y)$ et $D_0^W(yz) = \bar{y} D_0^W(z) + \bar{z} D_0^W(y)$. En particulier, pour $u \in \mathfrak{m}$, $D^W(u)$ et $D_0^W(u)$ ne dépendent que de la classe de u mod. $\mathfrak{m}^2$ et l'on a $D^W(yu) = \bar{y} D^W(u)$ et $D_0^W(yu) = \bar{y} D_0^W(u)$. On a donc défini, par passage aux quotients, des applications linéaires $\bar{D}^W$ et $\bar{D}_0^W$ de $\mathfrak{m}/\mathfrak{m}^2 = Z_k(W; A)$ dans $(\mathfrak{o}/\mathfrak{m})^{n+s}$ et dans $(\mathfrak{o}/\mathfrak{m})^n$. Or, d'après le lemme 2, la dimension de l'image de $\bar{D}^W$ (resp. $\bar{D}_0^W$) est égale à $n - r$ (resp. à $n - r$ lorsque $k(x)$ est séparable sur k). Comme $\mathfrak{m}/\mathfrak{m}^2$ est aussi de dimension $n - r$ (n° 1, e)), l'application $\bar{D}^W$ est un *isomorphisme*, et $\bar{D}_0^W$ également lorsque $k(x)$ est séparable sur k. Nous pouvons alors énoncer le critère suivant, qui résulte aisément du n° 1, h) et de la définition de l'isomorphisme $\bar{D}^W$ (resp. $\bar{D}_0^W$):

Critère de ZARISKI — Pour qu'un point (x) soit un zéro k-simple d'un idéal $\mathfrak{a}$ de $k[X_1, \ldots, X_n]$ ayant $(G_\beta(X))$ pour système de générateurs, et soit sur une composante V de dimension d de $V_K(\mathfrak{a})$, il faut et il suffit que le rang de la matrice $J(G, x, z)$ soit égal à $n - d$. Lorsque $k(x)$ est séparable sur k, il faut et il suffit que le rang de la matrice $J(G, x)$ soit égal à $n - d$.

b) — Le critère de ZARISKI montre que les points k-simples (x) d'une k-variété V sont ceux où la matrice $J(G, x, z)$ est de rang $n - \dim(V)$ $((G_\beta(X))$ désignant un système d'équations de V). Et le lemme 2 montre alors que tout point générique de V est k-simple sur V. D'autre part le calcul du rang d'une matrice au moyen de ses sous-déterminants montre que les points non simples de V, qu'on appelle les *points singuliers* ou *points multiples* de V, forment un sous-ensemble algébrique S de V; on appelle S l'*ensemble singulier*, ou le *lieu singulier*, de V; comme S ne contient aucun point générique de V c'est un sous-ensemble *propre* de V; sa dimension est donc au plus égale à $\dim(V) - 1$. Toute sous-k-variété *singulière* (c'est-à-dire non simple) de V est contenue dans S. On dit que V est *non singulière*, ou *sans singularités*, lorsque S est vide.

c) — Lorsque V est une k-variété *normale* (sur k), toute sous-k-variété de V de dimension $\dim(V) - 1$ de V est k-simple sur V (n° 1,c)). Donc *l'ensemble singulier S de V est de dimension au plus égale à* $\dim(V) - 2$. En particulier toute *courbe* normale est non singulière (tout ceci sur k); le procédé de normalisation (chap. I, § 6, b) et c)) montre donc que toute courbe admet un modèle sans singularités.

d) — Soit maintenant V une variété (absolue). On dit qu'un point P de V est *absolument simple* (ou simple lorsqu'aucune confusion n'est à craindre) s'il est k-simple pour tout corps de définition k de V. Alors, en désignant par $(F_\alpha(X))$ un système d'équations de V, P sera k-simple sur un corps k admettant $k(P)$ pour extension séparable, et le rang de la matrice $J(F, x)$ (où $P = (x)$) sera égal à $n - \dim(V)$. Comme cette condition *nécéssaire* d'absolue simplicité est indépendante de k, et comme rang $(J(F, x)) = n - \dim(V)$ implique rang $(J(F, x, z)) = n - \dim(V)$, c'est aussi une condition *suffisante*. Un autre critère d'absolue simplicité est le suivant: P est k-simple sur un corps *parfait* k.

e) — Le critère de ZARISKI (avec $J(F, x, z)$) montre aisément que, si P est un point k-simple de la variété (absolue) V, c'est un point simple sur toute extension *séparable* de k (on regarde séparément ce que devient $J(F, x, z)$ par extension transcendante pure et par extension algébrique séparable de k). Par contre un point k-simple P de V peut devenir singulier par extension purement inséparable de k (et n'être donc pas absolument simple).

Par exemple, sur un corps imparfait k de caractéristique $p > 2$ la courbe $Y^2 = X^p - a$ (où $a \in k$ et où $b = a^{1/p} \notin k$) est affinement k-normale (chap. I, § 6, a)), et tous ses points, $(b, 0)$ en particulier, sont k-simples (n° 1,c)). Par contre le point $(b, 0)$ est singulier sur $k(b)$.

f) — Soient P et P' deux points absolument simples de deux variétés V et V'. Alors le critère jacobien en $J(F, x)$ montre que (P, P') est un point absolument simple de la *variété produit* $V \times V'$. Ceci ne s'étend pas aux points k-simples, même si V et V' sont des variétés, à cause du fait que les dérivations D_j' de k sur k^p sont les mêmes pour les deux facteurs du produit.

Par exemple, avec les notations de l'exemple précédent, le point $(b, 0, b, 0)$ est un point singulier (sur k) de la surface d'équations $(Y^2 = X^p - a, Y'^2 = X'^p - a)$; en effet, en supposant pour simplifier que $k = k^p(a)$ et en prenant pour D' la

dérivation de k sur k^p définie par $D'a = 1$, la matrice $J(F, x, z)$ relative à cette
surface s'écrit $\begin{pmatrix} 0, 2Y, 0, 0, 1 \\ 0, 0, 0, 2Y', 1 \end{pmatrix}$; elle est de rang 1 (et non 2) au point $(b, 0, b, 0)$.
Par contre ce point est un point normal (chap. I, § 7, n° 5).

3 — Paramètres uniformisants.

a) – Etant donnée une sous-variété simple W d'une variété V,
toutes deux définies sur k, tout système de $\dim(V) - \dim(W)$ éléments
de $\mathfrak{o}_k(W; V)$ engendrant l'idéal maximal $\mathfrak{m}_k(W; V)$ de cet anneau
(c'est-à-dire tout système régulier de paramètres de $\mathfrak{o}_k(W; V)$ (R. a.))
s'appelle un *système de paramètres uniformisants* de W sur V, ou de
V en W, ou de V le long de W.

b) – Dans le cas où W est un point $P = (a_i)$ simple et rationnel
sur k, $\mathfrak{m}_k(P; V)$ est engendré par les fonctions «linéaires» $(x_i - a_i)$,
et l'on peut prendre pour système de paramètres uniformisants de P
sur V presque tout système $\left(\sum\limits_{i=1}^{n} u_{ji}(x_i - a_i), j = 1, \ldots, \dim(V), u_{ji} \in k \right)$
de combinaisons linéaires de celles-ci. On dit alors que les formes
linéaires $\left(\sum\limits_{i=1}^{n} u_{ji}X_i \right)$ constituent un *système uniformisant de formes
linéaires* de V en P. Pour que des formes $\left(\sum\limits_{i=1}^{n} u_{ji}X_i \right) (j = 1, \ldots, \dim(V))$
constituent un tel système uniformisant en P, il faut et il suffit que le
système $\left(\sum\limits_{i=1}^{n} u_{ji}X_i, \sum\limits_{i-1}^{n} \dfrac{\partial F_\alpha}{\partial x_i} \cdot X_i \right) ((F_\alpha(X))$ désignant un système d'équations de V) soit un système *total* (c'est-à-dire de rang n) de formes linéaires:
il suffit en effet de se souvenir de la forme des équations de l'espace
tangent à V en P (§ 3, a), (1)). Donc, si P est un point générique d'une
sous-variété W de V définie sur k, un système uniformisant de formes
linéaires de V en P possède la même propriété *en presque tout point de W*.

c) – Soit $P = (a_i)$ un point simple d'une variété V^r définie sur k;
nous supposerons, pour simplifier, que P est rationnel sur k. Alors
tout système (y_j) $(j = 1, \ldots, r)$ de paramètres uniformisants de P sur V
est *algébriquement libre* sur k: en effet, dans l'anneau local complété
$\hat{\mathfrak{o}}_k(P; V)$, les éléments y_j sont analytiquement indépendants sur k
(R. b.). Ils forment donc une base de transcendance sur k du corps des
fonctions rationnelles $k(x)$ sur V, c'est-à-dire du corps des fractions
de $\mathfrak{o}_k(P; V)$. Nous allons montrer que cette base de transcendance est
séparante. En effet, étant donnée une dérivation D' de $k(x)$, il existe
un multiple $zD' = D$ de D' tel que $\mathfrak{o} = \mathfrak{o}_k(P; V)$ soit stable pour D;
on voit aussitôt que D est continue pour la topologie d'anneau local
de $\mathfrak{o}$; elle se prolonge donc de façon unique, et par continuité, à $\hat{\mathfrak{o}}$.
Or, comme $\hat{\mathfrak{o}}$ est l'anneau de séries formelles $k[[y_1, \ldots, y_r]]$ toute
dérivation de l'anneau de polynômes $k[y_1, \ldots, y_r]$ s'y prolonge de

façon unique. Donc, si la dérivation D' de $k(x)$ est nulle sur $k(y)$, $D = zD'$ l'est aussi, et son prolongement à $\hat{\mathfrak{o}}$ ne peut être que nul; par conséquent $D' = D = 0$, et notre assertion résulte d'un critère bien connu de séparabilité (R. c.). Il en résulte que, si $\left(\sum_{i=1}^{n} u_{ji}X_i \right)$ est un système uniformisant de formes linéaires de V en P, alors $\left(\sum_{i=1}^{n} u_{ji}x_i \right)$ est une base de transcendance séparante de $k(x)$ sur k.

§ 5 — Théorie locale des multiplicités d'intersection.

1 — Généralités.

a) – Etant donnée une composante C de l'intersection de deux variétés (absolues) V, W de l'espace affine A_n, formons le produit $A \times A'$ de deux copies de A_n; dans $A \times A'$ considérons le produit $V \times W'$ de V et de la copie W' de W dans A', et la diagonale D de $A \times A'$; notons C^D la sous-variété de D dont la projection sur le premier facteur est C (des notations du genre de C^D seront désormais utilisées sans autre explication). On voit aisément que C^D est une composante de $D \cap (V \times W')$. Notons (x_i), (x_i') les fonctions induites sur V et W' par les fonctions coordonnées dans A et dans A'; ce sont des éléments du corps (absolu) des fonctions rationnelles sur $V \times W'$. Ce corps contient l'anneau local *absolu* $\mathfrak{o}$ de C^D sur $V \times W'$, et les différences $x_i - x_i'$ (qui sont induites par les équations $X_i - X_i'$ de D) engendrent dans $\mathfrak{o}$ un idéal $\mathfrak{X}$ primaire pour l'idéal maximal $\mathfrak{m}$, puisque C^D est composante de $D \cap (V \times W')$. On appelle *multiplicité d'intersection de V et W en C*, et on note $i(C; V \cdot W)$ la multiplicité $e(\mathfrak{X})$ de l'idéal primaire $\mathfrak{X}$ (R. a.).

b) – On voit, par échange des facteurs du produit, que l'on a la règle de *commutativité*

$$i(C; V \cdot W) = i(C; W \cdot V) . \tag{1}$$

c) – Lorsque $W = V$, l'anneau local $\mathfrak{o} = \mathfrak{o}(V^D; V \times V')$ est régulier puisque V^D est simple sur $V \times V'$ (si P est un point générique de V, (P, P) est un point simple de $V \times V'$ (§ 4, n° 2,f)), et on applique le résultat du § 4, n° 1,g)). D'autre part les fonctions $x_i - x_i'$ engendrent son idéal maximal $\mathfrak{m}$. L'Algèbre (R. b.) montre donc qu'on a la règle d'*idempotence*

$$i(V; V \cdot V) = 1 . \tag{2}$$

d) – Un raisonnement analogue démontre la formule

$$i(V; V \cdot A_n) = 1 . \tag{3}$$

e) – Si, au lieu de l'anneau local absolu $\mathfrak{o}$, nous avions utilisé l'anneau local $\mathfrak{o}' = \mathfrak{o}_k(C^D; V \times W')$ *relatif à un corps de définition commun k à V,*

W et C, et l'idéal $\mathfrak{X}'$ analogue à $\mathfrak{X}$, les faits que $\mathfrak{X} = \mathfrak{o} \cdot \mathfrak{X}'$, que l'idéal maximal $\mathfrak{m}$ de $\mathfrak{o}$ est engendré par celui de $\mathfrak{o}'$, que $\mathfrak{o}/\mathfrak{X}'^n$ s'obtient à partir de $\mathfrak{o}'/\mathfrak{X}'^n$ par extension du corps de base (§ 1, n° 4,c)), et la définition de $e(\mathfrak{X})$ et $e(\mathfrak{X}')$ par les polynômes caractéristiques (R. a.), montrent que l'on a $e(\mathfrak{X}) = e(\mathfrak{X}')$, et que l'on peut utiliser $\mathfrak{o}'$ pour la définition de $i(C; V \cdot W)$. Il faut, par contre, se garder d'utiliser un corps k sur lequel l'une des trois variétés V, W, C (C par exemple) ne serait pas définie.

f) – Soit k un corps de définition commun à V et W; alors C est *algébrique* sur k, et toute variété C^σ *conjuguée* de C sur k est une composante de $V \cap W$. En étendant l'automorphisme σ l'on voit quel'on a

$$i(C; V \cdot W) = i(C^\sigma; V \cdot W) . \tag{4}$$

2 — Extension aux variétés algébroïdes.

a) – Considérons un point P d'une variété V, l'anneau local $\mathfrak{o}(P; A_n)$, et l'idéal premier $\mathfrak{p}$ de V dans cet anneau. Dans l'*anneau local complété* $\hat{\mathfrak{o}}(P; A)$ l'idéal $\hat{\mathfrak{o}}(P; A) \cdot \mathfrak{p}$ est une intersection d'idéaux premiers $\mathfrak{p}_j$ tous de même dimension (§ 2, n° 3,c)). Or $\hat{\mathfrak{o}}(P; A)$ est un anneau de séries formelles à n variables sur le domaine universel. On associe à chaque idéal premier de cet anneau un objet, appelé une *variété algébroïde* en P, dont la dimension est, par définition, celle de l'idéal premier correspondant. On étend symboliquement aux variétés algébroïdes les notions d'inclusion, de composantes d'intersection, de variétés produits, de diagonale et d'anneau local complété, – ceci par analogie avec les caractérisations des notions algébriques analogues au moyen de la théorie des idéaux. Les principaux résultats démontrés jusqu'ici s'étendent au cas des variétés algébroïdes, mais leur démonstration peut souvent faire appel à des notions algébriques plus profondes (par exemple la théorie de la dimension dans les anneaux noethériens) car les modes de raisonnement «ensemblistes», ou ceux utilisant les propriétés des extensions de type fini des corps, ne se transportent pas au cas algébroïde.

b) – Les variétés algébroïdes V_j correspondant aux idéaux premiers $\mathfrak{p}_j$ ci-dessus mentionnés (a)) s'appellent les *nappes* de la variété algébrique V en P. On voit aisément que, pour $P \in V$ et $Q \in W'$, les nappes de $V \times W'$ au point (P, Q) sont les variétés algébroïdes $V_j \times W_q$, où les V_i et W'_q sont les nappes de V et W' aux points P et Q. Appliquons ceci, en particulier, en un point (P, P) de C^D (notations du n° 1,a)), et notons $\overline{C}$ une nappe de C contenant P. Aux idéaux premiers $\mathfrak{p}_{jq}$ de (0) dans $\hat{\mathfrak{o}} = \hat{\mathfrak{o}}(C^D; V \times W')$ (qui est isomorphe aux complétés des anneaux de fractions de $\hat{\mathfrak{o}}(P, P); V \times W')$) relatifs aux idéaux premiers correspondant aux nappes $\overline{C}^D$ de C^D) correspondent les nappes $V_j \times W'_q$ de $V \times W'$ telles que V_j et W_q contiennent $\overline{C}$. Le théorème de transition

(R. a.) et la formule d'associativité des anneaux locaux (R. b.) (appliquée aux idéaux $\mathfrak{p}_{jq}$, en tenant compte de ce que (0) est leur intersection) montrent que l'on a

$$i(C; V \cdot W) = \sum_{j,q} i(\overline{C}; V_j \cdot W'_q) \,. \tag{1}$$

c) — Remarquons que nous avons montré qu'en un point *normal* P d'une variété V, V admet une nappe *unique* $\overline{V}$, d'ailleurs «normale» en P (§ 2, n° 3,d)). C'est en particulier le cas lorsque P est *simple* sur V; et P est alors un point simple de $\overline{V}$; on définit en effet un point simple, et plus généralement une sous-variété simple, d'une variété algébroïde par le fait que son anneau local (complet) est régulier; et ceci démontre notre assertion (R. c.). Ceci montre aussi que, si W est simple sur V, et si P est un point simple de V situé sur W, alors toutes les nappes $\overline{W}_q$ de W en P sont simples sur l'unique nappe de V en P. Le critère jacobien classique de simplicité (§ 4, n° 2,a)) s'applique aux variétés algébroïdes si, comme ici, on opère sur un corps de base algébriquement clos (ou, plus généralement, parfait).

3 — Critères de multiplicité 1.

a) — Nous revenons aux variétés algébriques. Avec les notations du n° 1,a), pour que $e(\mathfrak{X}) = 1$, il faut et il suffit que $\mathfrak{o}$ soit un anneau local régulier (c'est-à-dire que C^D soit simple sur $V \times W'$) et que $\mathfrak{X}$ soit son idéal maximal (c'est-à-dire que l'idéal premier de C^D soit une composante primaire de l'idéal $\mathfrak{J}(V \times W') + \mathfrak{J}(D)$) (R. a.). La première condition équivaut à

$$C \text{ est simple sur } V \text{ et sur } W \tag{1}$$

et la seconde à

Dans l'anneau local $\mathfrak{R} = \mathfrak{o}(C; A_n)$ les idéaux premiers $\mathfrak{v}$ et $\mathfrak{w}$ de V et W engendrent l'idéal maximal $\mathfrak{q}$ $\tag{2}$

ou encore à

Dans $\mathfrak{o}(C; V)$ l'idéal maximal est engendré par les équations de W. $\tag{2'}$

b) — On notera que, si C est une composante *propre* de $V \cap W$ (cf. n° 7), et si (2) est vraie, un petit calcul de dimensions montre que la somme $\mathfrak{q}/\mathfrak{q}^2 = (\mathfrak{v} + \mathfrak{q}^2)/\mathfrak{q}^2 + (\mathfrak{w} + \mathfrak{q}^2)/\mathfrak{q}^2$ est directe, et que l'on a $\dim(\mathfrak{q}/(\mathfrak{v} + \mathfrak{q}^2)) = n - \dim(V)$ et $\dim(\mathfrak{q}/(\mathfrak{w} + \mathfrak{q}^2)) = n - \dim(W)$. Donc C est simple sur V et sur W, et (1) est vérifiée. L'implication (2)$\Rightarrow$(1) ne s'étend pas aux composantes excédentaires.

c) — Géométriquement la condition (2) veut dire qu'en point générique de C, les variétés linéaires tangentes à V et W (en vertu de (1) les cônes des tangentes à V et W sont effectivement des variétés linéaires) ont pour *intersection* la variété linéaire tangente à C. On dit, dans ce cas, que V et W sont *transversales* en C.

d) – Comme application du critère de multiplicité 1, montrons que, si L est une *variété linéaire générique* sur un corps de définition de V, toute composante M de $V \cap L$ *est de multiplicité* 1. En effet M est propre (cf. n° 7, et chap. I, § 5), et contient évidemment un point générique, et donc simple, P de V. Comme $\mathfrak{o}(P; V)$ est un anneau local régulier, et que son idéal maximal $\mathfrak{m}$ est engendré par les fonctions $(x_i - a_i)$ sur V ($P = (a_i)$), presque tous les systèmes de $n - \dim(V)$ combinaisons linéaires des $x_i - a_i$ engendrent $\mathfrak{m}$. Donc les équations de L induisent sur V une partie d'un système minimal de générateurs de $\mathfrak{m}$, car $\dim(L) \geqq n - \dim(V)$ si $M \neq \theta$; elles engendrent donc un idéal premier de $\mathfrak{o}(P; V)$, qui est évidemment celui de M (R. b.). D'où notre assertion par (2') (a)). Notons qu'on peut remplacer l'hypothèse «pour une variété linéaire générique L» par «pour presque toute variété linéaire L».

e) – Une autre conséquence de ce critère est que, si P est un point simple de V et si M est une sous-variété de V passant par P, il existe une variété W telle que M soit l'unique composante de $V \cap W$ passant par P, et que M soit une composante propre et de multiplicité 1 de $V \cap W$: on peut en effet prendre pour W le cylindre lieu des variétés linéaires s'appuyant sur M et parallèles à une direction $D^{n-\dim(V)}$ transversale en P (et donc en presque tout point de M) à la variété linéaire tangente à V. Cette propriété que toute sous-variété M de V est «localement en P» une *intersection complète* ne s'étend pas à un point singulier. Pour qu'elle soit vraie pour toute sous-variété M de V *de dimension* $\dim(V) - 1$ passant par P, il faut et il suffit que tout idéal premier minimal de $\mathfrak{o}(P; V)$ soit l'unique composante isolée d'un idéal principal; ceci a lieu, en particulier, lorsque tout idéal premier minimal de $\mathfrak{o}(P; V)$ est principal, c'est-à-dire lorsque $\mathfrak{o}(P; V)$ est un *anneau factoriel*.

4 — Invariance birationnelle des multiplicités d'intersection.

a) – *Soit M une composante de $V \cap W$. Supposons V et W plongées dans une variété U, et soit T une application birationnelle de U sur une variété U^0 telle que T soit birégulière en M. Alors, en notant M^0, V^0, W^0 les sous variétés de U^0 correspondant à M, V et W, on a*

$$i(M; V \cdot W) = i(M^0; V^0 \cdot W^0) .$$

En effet on peut identifier les anneaux $\mathfrak{o}(M^D; U \times U)$ et $\mathfrak{o}(M^{0D^0}; U^0 \times U^0)$, ainsi que $\mathfrak{o}(M^D; V \times W)$ et $\mathfrak{o}(M^{0D^0}; V^0 \times W^0)$ (§ 1, n° 1,c)). On voit aussitôt que, dans ce dernier anneau, les idéaux $\mathfrak{X}$ et $\mathfrak{X}^0$ (engendrés par les équations des diagonales D et D^0) sont égaux. D'où notre assertion.

b) – Il résulte du résultat ci-dessus que l'entier $i(M; W \cdot V)$ est indépendant de l'espace affine dans lequel V et W sont considérées comme plongées. Cet entier est aussi invariant par changement de coordonnées affines. Donc, si V et W sont des variétés projectives ou multiprojectives, la multiplicité $i(M; V \cdot W)$ est indépendante du système de coordonnées affines choisi pour la calculer (pourvu, bien sûr, que M soit à distance finie pour ce système). Enfin, si V et W sont des variétés d'un espace biprojectif $P_n \times P_m$, si M est une composante de $V \cap W$, si l'on fait choix dans P_n et P_m d'hyperplans à l'infini tels que M ait des points dans l'espace affine restant $A_n \times A_m = A_{n+m}$, et si enfin on représente V, W et M par des sous-variétés V^0, W^0 et M^0 de la variété de SEGRÉ $S_{n,m}$ (chap. I, § 4, n° 3, d)), on a $i(M; V \cdot W) = i(M^0; V^0 \cdot W^0)$. Ces résultats faciles, ainsi que d'autres du même genre, seront désormais utilisés sans avertissement.

5 — Formule des variétés produits.

Si M est une composante de $V \cap W$ et M^0 une composante de $V^0 \cap W^0$, alors $M \times M^0$ est une composante de $(V \times V^0) \cap (W \times W^0)$ et on a

$$i(M \times M^0; (V \times V^0) \cdot (W \times W^0)) = i(M; V \cdot W) \cdot i(M^0; V^0 \cdot W^0) . \quad (1),$$

Considérons en effet les anneaux $\mathfrak{o} = \mathfrak{o}(M^D; V \times W)$,

$\mathfrak{o}^0 = \mathfrak{o}(M^{0D^0}; V^0 \times W^0)$ et $\mathfrak{R} = \mathfrak{o}((M \times M^0)^E; (V \times V^0) \times (W \times W^0))$.

Comme la diagonale E est égale à $D \times D^0$, $(M \times M^0)^E$ est égal à $M^D \times M^{0D^0}$, et l'on a $\mathfrak{R} = \mathfrak{o}(M^D \times M^{0D^0}; (V \times W) \times (V^0 \times W^0))$ (nous laissons au lecteur le soin de préciser la signification des divers produits écrits, ainsi que les isomorphismes canoniques des produits quadruples). Donc (§ 1, n° 4, d)) $\hat{\mathfrak{R}}$ s'obtient à partir de $\hat{\mathfrak{o}}$ et $\hat{\mathfrak{o}}^0$ par extension des corps de base et formation d'un produit tensoriel. D'autre part l'idéal $\overline{\mathfrak{Y}}$ engendré dans $\hat{\mathfrak{R}}$ par les équations de la diagonale E est aussi engendré par les idéaux analogues $\overline{\mathfrak{X}}$ et $\overline{\mathfrak{X}}^0$ de $\hat{\mathfrak{o}}$ et $\hat{\mathfrak{o}}^0$. Comme les multiplicités d'idéaux sont invariantes par complétion (R. a.), et comme $e(\overline{\mathfrak{Y}}) = e(\overline{\mathfrak{X}}) \cdot e(\overline{\mathfrak{X}}^0)$ (R. b.), notre assertion est démontrée.

6 — Formule de projection.

a) — *Soit U une variété de l'espace produit $A_n \times A_p$ se projetant en U_1 dans A_n avec indice de projection fini $[U : U_1]$; soient V une variété de A_n et M une composante de $V \cap U_1$ telle que la fermeture biprojective de U ne contienne pas la variété à l'infini de $M \times P_q$. Alors les composantes $M_1, \ldots, M_s$ de $U \cap (V \times A_q)$ se projetant sur M ont toutes même dimension que M, et l'on a*

$$[U : U_1] \cdot i(M; U_1 \cdot V) = \sum_{j=1}^{s} [M_j : M] \cdot i(M_j; U \cdot (V \times A)) .$$

En effet l'hypothèse relative à la variété à l'infini de $M \times A_q$ veut dire que les éléments de l'anneau de coordonnées de U sont entiers sur l'anneau local $\mathfrak{o}(M\,;\,U_1)$. En les adjoignant à cet anneau on obtient un anneau semi-local $\mathfrak{I}$ entier sur $\mathfrak{o}(M\,;\,U_1)$, et dont les idéaux maximaux $\mathfrak{v}_j$ correspondent aux composantes M_j, $\mathfrak{I}_{\mathfrak{v}_j}$ étant d'ailleurs égal à $\mathfrak{o}(M_j\,;\,U)$. D'où notre assertion relative aux dimensions.

Introduisons le produit $A_n \times A_q \times A'_n \times A'_q$; notons X_i, Y_t, X'_i, Y'_t les coordonnées dans les quatre facteurs, D et E les diagonales de $A_n \times A'_n$ et $A_q \times A'_q$; notons x_i, y_t, x'_i les fonctions induites par X_i, Y_t, X'_i sur U_1 (ou U), U et V' (copie de V dans A'_n). Considérons les anneaux locaux $\mathfrak{o} = \mathfrak{o}(M^D\,;\,U_1 \times (0) \times V' \times (0))$ et $\mathfrak{o}'_j = \mathfrak{o}(M_j^{D \times E}\,;\,U \times V' \times A'_q)$. Nous avons à considérer les multiplicités des idéaux $\mathfrak{q} = (x'_i - x_i)$ de $\mathfrak{o}$ et $\mathfrak{q}'_j = (x'_i - x_i,\, Y'_t - y_t)$ de $\mathfrak{o}'_j$. La variété W lieu de $(x,\,y,\,x',\,y)$ est située dans $A_n \times A'_n \times E$, et contient $M_j^{D \times E}$. En considérant $A_q \times A'_q$ comme produit de E par A'_q (prendre les $Y_t - Y'_t$ et les Y'_t pour nouvelles coordonnées), $U \times V' \times A'_q$ s'identifie à $W \times A'_q$, l'anneau $\mathfrak{o}'_j$ à $\mathfrak{o}(M_j^{D \times E} \times (0)\,;\,W \times A'_q)$, et l'idéal $\mathfrak{q}'_j$ à l'idéal engendré par l'idéal $\mathfrak{q}_j = (x_i - x'_i)$ de $\mathfrak{o}(M_j^{D \times E}\,;\,W)' = \mathfrak{o}_j$ et par les éléments $Y'_t - y_t$. Comme le complété $\hat{\mathfrak{o}}_j$ est isomorphe à l'anneau de séries formelles $\hat{\mathfrak{o}}_j[[Y'_1,\ldots,\,Y'_q]] = \hat{\mathfrak{o}}_j[[Y'_1 - y_1,\ldots,\,Y'_q - y_q]]$ $(y_t \in \mathfrak{o}_j)$, et comme le passage aux complétés conserve les multiplicités (R. a.), on a $e(\mathfrak{q}'_j) = e(\mathfrak{q}_j)$. Or tout élément de l'anneau de coordonnées de W est entier sur $\mathfrak{o} = \mathfrak{o}(M^D\,;\,U \times V')$. Si l'on note $\mathfrak{R}$ l'anneau obtenu par adjonction de ces éléments à $\mathfrak{o}$, $\mathfrak{R}$ est un anneau semi-local extension finie de $\mathfrak{o}$, ses idéaux maximaux $\mathfrak{m}_j$ correspondent aux variétés $M_j^{D \times E}$, et l'on a $\mathfrak{o}_j = \mathfrak{o}(M_j^{D \times E}\,;\,W) = \mathfrak{R}_{\mathfrak{m}_j}$. D'autre part l'on a $[\mathfrak{R} : \mathfrak{o}] = [U : U_1]$, $[\mathfrak{R}/\mathfrak{m}_j : \mathfrak{o}/\mathfrak{m}] = [M_j : M]$ ($\mathfrak{m}$: idéal maximal de $\mathfrak{o}$), $\mathfrak{q}_j = \mathfrak{o}_j \cdot \mathfrak{q}$, $e(\mathfrak{q}_j) = i(M_j\,;\,U \cdot (V \times A_q))$, $e(\mathfrak{q}) = i(M\,;\,U_1 \cdot V)$. Et la formule

$$[\mathfrak{R} : \mathfrak{o}] \cdot e(\mathfrak{q}) = \sum_{j=1}^{s} [\mathfrak{R}/\mathfrak{m}_j : \mathfrak{o}/\mathfrak{m}] \cdot e(\mathfrak{o}_j \cdot \mathfrak{q})$$

(R. b.) donne aussitôt la formule de projection.

b) — Un cas particulier important de la formule de projection est le suivant: avec les notations et hypothèses de celle-ci, on suppose qu'il existe une composante N de $U \cap (V \times A_q)$ telle que la projection de U sur U_1 soit *birégulière* aux points génériques de N. Ceci implique qu'elle est birationnelle (donc que $[U : U_1] = 1$), que $[N : M] = 1$, et que N est l'unique composante de $U \cap (V \times A_q)$ se projetant sur M. On a alors

$$i(M\,;\,U_1 \cdot V) = i(N\,;\,U \cdot (V \times A_q))\,. \tag{1}$$

7 — Composantes propres. Théorème de réduction.

a) — On dit qu'une composante M de $V \cap W$ est *propre* (resp. *excédentaire*) dans l'espace affine A_n si l'on a $\dim(M) = \dim(V) + \dim(W) - n$ (resp. $\dim(M) > \dim(V) + \dim(W) - n$). L'entier $\dim(M) - \dim(V) - \dim(W) + n$ (qui est toujours positif d'après le chap. I, § 5) est appelé l'*excès* de la composante M. Lorsque M est une composante propre de $V \cap W$, l'anneau local $\mathfrak{o} = \mathfrak{o}(M^D; V \times W')$ est de dimension n, et l'idéal $\mathfrak{X} = (x'_1 - x_1, \ldots, x'_n - x_n)$ (notations du n° 1, a)) est engendré par le *système de paramètres* $(x'_1 - x_1, \ldots, x'_n - x_n)$ (R. a.). Si F est un corps de base de $\mathfrak{o}$, l'anneau de séries formelles $F[[x'_1 - x_1, \ldots, x'_n - x_n]]$ est un sous anneau de $\hat{\mathfrak{o}}$ ne contenant pas de diviseurs de zéro de $\mathfrak{o}$, et on a $[\hat{\mathfrak{o}} : F[[x'_1 - x_{,1} \ldots, x'_n - x_n]]] = e(\mathfrak{X}) \cdot [\mathfrak{o}/\mathfrak{m} : F]$ (R. b.).

b) («Théorème de réduction») — *Soit M^m une composante propre de $V^v \cap W^w$ dans A_n; supposons que, au voisinage de M, V soit une intersection complète (c'est-à-dire que l'idéal premier $\mathfrak{v}$ de V dans $\mathfrak{o}(M; A_n)$ soit engendré par $n - v$ éléments $(y_1, \ldots, y_{n-v})$; ceci a lieu, en particulier, quand M est simple sur V). Alors la multiplicité $i(M; V \cdot W)$ est égale à la multiplicité de l'idéal $\mathfrak{Y}$ de $\mathfrak{o}(M; W)$ engendré par les classes $(\bar{y}_j)$ des (y_j).*

En effet, dans l'anneau local $\mathfrak{o}(M^D; A_n \times W')$ les $n + v$ éléments $(X_i - x'_i, y_j)$ (X_i: fonctions coordonnées dans A_n; x'_i: fonctions induites par les fonctions coordonnées sur la copie W' de W) forment un système de paramètres, et les (y_j) y engendrent l'idéal premier $\mathfrak{p}$ de $V \times W'$. Comme $\mathfrak{o}(M^D; V \times W') = \mathfrak{o}(M^D; A_n \times W')/\mathfrak{p}$, un corollaire à la formule d'associativité des anneaux locaux (R. b.) montre que $i(M; V \cdot W)$ est égal à la multiplicité e de l'idéal de $\mathfrak{o}(M^D; A_n \times W')$ engendré par $(X_i - x'_i, y_j)$. D'autre part l'idéal engendré par les $(X_i - x'_i)$ dans $\mathfrak{o}(M^D; A_n \times W')$ est l'idéal premier de W^D; le même résultat que ci-dessus montre que e est égal à la multiplicité de l'idéal de $\mathfrak{o}(M^D; W^D)$ engendré par les $(\bar{y}_j)$. Comme les anneaux $\mathfrak{o}(M^D; W^D)$ et $\mathfrak{o}(M; W)$ sont canoniquement isomorphes, notre assertion est démontrée.

c) — Le théorème de réduction s'applique en particulier lorsque l'idéal de V est engendré (globalement) par $n - v$ équations. Un premier cas est celui où V est *linéaire*. En l'appliquant à la diagonale D, il montre que

$$i(M; V \cdot W) = i(M^D; (V \times W') \cdot D) \quad \text{(«réduction au cas linéaire»)} . \quad (1)$$

d) — Un autre cas est celui où V est une *hypersurface*, et est alors définie par une seule équation $F(X) = 0$. En ce cas d'ailleurs toute composante M de $V \cap W$ est propre, à moins que V ne contienne W. L'anneau local $\mathfrak{o}(M; W)$ est alors de dimension 1, et la fonction $F(x)$ induite sur W par $F(X)$ en est un paramètre. Et l'on a

$$i(M; V \cdot W) = e(\mathfrak{o}(M; W) F(x)) . \quad (2)$$

Si, en particulier, M est *simple* sur W, l'anneau $\mathfrak{o}(M; V)$ est *l'anneau d'une valuation discrète v_M* (§ 4, n° 1, c)); et, si l'on suppose v_M normée, l'on a (R. c.)

$$i(M; V \cdot W) = v_M(F(x)) . \quad (3)$$

e) – Lorsque tout idéal de $\mathfrak{o}(M;W)$ qui est engendré par une partie d'un système de paramètres est équidimensionnel (R. d.), la multiplicité de l'idéal $\mathfrak{Y}$ défini en b) est égale à sa *longueur*. Ceci a lieu en particulier lorsque l'idéal de W est engendré par $n-w$ équations (R. d.) (localement en M, ou a fortiori globalement); alors $i(M;V\cdot W)$ est égale à la *longueur de la composante primaire* (R. e.) de $\mathfrak{I}(V)+\mathfrak{I}(W)$ relative à l'idéal premier $\mathfrak{I}(M)$ de M (dans $K[X_1,\ldots,X_n]$). Donc, si $\mathfrak{I}(V)$ et $\mathfrak{I}(W)$ sont engendrés par $n-v$ et $n-w$ équations respectivement, et si toutes les composantes de $V\cap W$ situées à distance finie sont propres et sont des *points M_j* (ce qui implique $v+w=n$ sauf dans les cas triviaux), on a

$$\sum_j i(M_j;V\cdot W) = \dim_K(K[X_1,\ldots,X_n]/(\mathfrak{I}(V)+\mathfrak{I}(W)))\,. \qquad (4)$$

On peut facilement déduire de cette formule le théorème de BEZOUT relatif au cas où V et W sont des intersections complètes; nous donnerons plus loin (§ 6) une démonstration plus naturelle de ce théorème.

Des exemples montrent que la longueur d'un idéal d'un anneau local n'est pas néccessairement égale à sa multiplicité (R. f.). Ceci explique l'échec des tentatives faites pour définir les multiplicités d'intersection par des longueurs d'idéaux.

8 — Composantes propres. Formule d'associativité.

a) – Soient U,V,W trois variétés de A_n, M une composante *propre* (c'est-à-dire de dimension $\dim(U)+\dim(V)+\dim(W)-2n$) de $U\cap V\cap W$, et P_i les composantes de $U\cap V$ contenant M; alors M est composante de $P_i\cap W$, et le théorème sur les dimensions d'intersections (chap. I, § 5) montre aisément que toutes les variétés P_i sont des composantes *propres* de $U\cap V$. Considérons trois copies A,A',A'' de A_n; notons U,V',W'' des copies de U,V,W dans A,A',A'', — x_i,x_i',x_i'' les fonctions induites sur U,V',W'' par les fonctions coordonnées X_i,X_i',X_i'', — et D et E les diagonales de $A\times A'\times A''$ et de $A\times A'$. Les éléments (x_i-x_i',x_i-x_i'') forment alors un système de paramètres (R. a.) de $\mathfrak{o}=\mathfrak{o}(M^D;U\times V'\times W'')$, et y engendrent un idéal $\mathfrak{Y}$. Nous poserons, par définition, $i(M;U\cdot V\cdot W)=e(\mathfrak{Y})$. Comme au n° 1,b) on voit aisément que le symbole $i(M;U\cdot V\cdot W)$ est *commutatif* en U,V,W. Nous allons démontrer que l'on a

$$i(M;U\cdot V\cdot W) = \sum_j i(M;P_i\cdot W)\,i(P_i;U\cdot V)\,. \qquad (1)$$

Considérons en effet l'idéal $\mathfrak{X}$ de $\mathfrak{o}$ engendré par les (x_i-x_i'). Notons $\mathfrak{p}_i$ ses idéaux premiers minimaux; ce sont ceux des variétés $P_i^E\times W''$. La formule d'associativité pour les anneaux locaux (R. b.) s'écrit

$$e(\mathfrak{Y}) = \sum_i e((\mathfrak{Y}+\mathfrak{p}_i)/\mathfrak{p}_i)\cdot e(\mathfrak{X}\cdot\mathfrak{o}_{\mathfrak{p}_i})\,. \qquad (2)$$

Or $\mathfrak{o}/\mathfrak{p}_i = \mathfrak{o}(M^D; P_i^E \times W'')$, et les classes des $(x_i - x_i'')$ y sont induites par les équations de la diagonale F de $E \times A''$; donc, d'après le théorème de réduction (n° 7, b), on a $e((\mathfrak{Y} + \mathfrak{p}_i)/\mathfrak{p}_i) = i(M^D; (P_i^E \times W'') \cdot F)$; d'après l'invariance birégulière (n° 4, a)) cet entier est égal à $i(M^G; (P_i \times W'') \cdot G)$, G désignant la diagonale de $A \times A''$; il vaut donc $i(M; P_i \cdot W)$ d'après la formule (1) du n° 7, c). D'autre part $\mathfrak{o}_{\mathfrak{p}_i} = \mathfrak{o}(P_i^E \times W''; U \times V' \times W'')$, et les $(x_i - x_i')$ y sont induites par les équations de $E \times A''$; on a donc $e(\mathfrak{X} \cdot \mathfrak{o}_{\mathfrak{p}_i})$ $= i(P_i^E \times W''; (U \times V' \times W'') \cdot (E \times A''))$ (théorème de réduction, n° 7, b)) $= i(P_i^E; (U \times V') \cdot E) \cdot i(W''; W'' \cdot A'')$ (formule des variétés produits, n° 5) $= i(P_i^E; (U \times V') \cdot E)$ (n° 1, d)) $= i(P_i; U \cdot V)$ (formule (1) du n° 7, c)). En portant dans (2) on obtient la formule (1).

b) — Soit maintenant M une composante de $U \cap V \cap W$, et soient P_i les composantes de $U \cap V$ contenant M. Si l'une des P_i est composante propre de $U \cap V$ et si M est composante propre de $P_i \cap W$, alors M est composante propre de $U \cap V \cap W$, toutes les P_i sont composantes propres de $U \cap V$, M est composante propre de tous les $P_i \cap W$, toutes les composantes Q_j de $V \cap W$ contenant M sont propres, et M est composante propre des $U \cap Q_j$. Dans ces conditions la formule (1) et la commutativité du symbole $i(M; U \cdot V \cdot W)$ donnent aussitôt la *formule d'associativité*

$$\sum_i i(P_i; U \cdot V)\, i(M; P_i \cdot W) = \sum_j i(M; U \cdot Q_j)\, i(Q_j; V \cdot W) . \qquad (3)$$

c) — Nous avons déjà vu (formule (1) du n° 7, c)) que, pour le calcul d'une multiplicité d'intersection propre $i(M; U \cdot V)$, on peut se ramener au cas où l'une des deux variétés U, V est linéaire. Montrons maintenant comment l'on peut ramener $i(M; U \cdot L)$ (L: linéaire) à une multiplicité d'intersection *ponctuelle*. Considérons pour cela une variété linéaire L', de dimension $n - \dim(M)$ et générique sur un corps de définition commun à M, U et L. Alors $L' \cap M$ se compose de points, tous de multiplicité 1 (n° 3, d)); soit P l'un d'eux; c'est une composante propre de $U \cap L \cap L'$; et M est l'unique composante de $U \cap L$ à contenir P, puisque $L \cap L'$ est une sous-variété linéaire générique de L. Comme d'autre part $L_1 = L \cap L'$ est l'unique composante de $L \cap L'$ et est de multiplicité 1, on a d'après (3), $i(P; M \cdot L')\, i(M; U \cdot L) = i(P; U \cdot L_1)\, i(L_1; L. L')$, c'est-à-dire

$$i(M; U \cdot L) = i(P; U \cdot L_1) . \qquad (4)$$

9 — Réduction des composantes excédentaires aux composantes propres.

a) — Soit M^m une composante *excédentaire* d'excès $e \geq 1$ de $U^u \cap V^v$ dans l'espace projectif P_n; on a $m = u + v - n + e$ (n° 7, a)). Nous allons démontrer qu'il existe des variétés U_1^{u+1} contenant U et telles que M soit composante (d'excès $e - 1$) de $U_1 \cap V$; plus précisément l'on peut prendre pour U_1 un *cône* de directrice U et dont le sommet est un point générique de P_n sur un corps de définition commun k à U, V et M; alors (chap. I, § 8, n° 2, c)) *presque tout cône* U_1' de dimension $u+1$ et contenant U répondra à la question. Pour démontrer l'assertion relative au cône générique U_1 il nous suffira de prendre des coordonnées affines, et de montrer que M est composante de $U' \cap V$, où U' est un cylindre passant par U et dont la direction D (qui est de dimension 1) a des paramètres directeurs (a_i) algébriquement indépendants sur k. Pour cela considérons une composante M' de $U' \cap V$ contenant M, et remarquons que, comme M n'est pas composante propre de $U \cap V$, on a $U \neq A_n$, et U ne peut contenir un point générique (sur k) de l'espace; donc M' ne contient pas le cylindre de direction D passant par M. Ainsi, si $M' \neq M$, l'intersection de U et de la génératrice d'un point générique P de M' sur $k(a)$ se réduit à un point $Q \notin M$; en posant $Q = (q_i)$, $P = (q_i + t a_i)$, on a $t \neq 0$ (sinon $M' \subset U$), t est algébrique sur $k(a, q)$ (sinon M' est un cylindre de direction D), et $\dim_{k(a)}(q) \geqq m+1$ (sinon $Q \in M$). Alors, comme $P \in V$ et comme $Q \in U$, on a $\dim_k(q + ta) \leqq$, $\dim_k(q) \leqq u$, et un petit calcul de degrés de transcendance montre que l'on a $u + v \geqq m + n$, contrairement au fait que M est composante excédentaire de $U \cap V$.

b) – Par applications répétées, et avec les notations précédentes, on voit que, si e_1 et e_2 sont deux entiers positifs tels que $e_1 + e_2 \leqq e$, et *pour presque tous couples L_1, L_2 de variétés linéaires* de dimensions $e_1 - 1$, $e_2 - 1$ (resp. *pour presque tous couples D_1, D_2 de directions* de dimensions e_1, e_2), M est *composante des cônes U', V' de sommets L_1, L_2* (resp. *des cylindres U', V' de directions D_1, D_2*) et passant par U et V. Si $e_1 + e_2 = e$, M est composante *propre* de $U' \cap V'$.

c) – Nous allons montrer que, dans ces conditions, on peut même choisir le «presque partout» de sorte que l'on ait la formule suivante (qui ramène l'étude des composantes excédentaires à celle des composantes propres, conformément à une suggestion de F. Severi):

$$i(M; U \cdot V) = i(M; U' \cdot V') . \tag{1}$$

Par applications répétées en est aussitôt ramené au cas où $e_1 = e$, $e_2 = 0$; et l'on peut se placer dans l'espace affine. Soit L^{n-e} une variété linéaire transversale à la direction D du cylindre U'; notons U_1, V_1 et M_1 les projections de U, V et M sur L, qu'on peut supposer d'indice 1 (chap. I, § 8, n° 3, b)); le cylindre U' s'identifie alors au produit $U_1 \times D$. Donc, et comme M est l'unique composante, à distance finie ou infinie, de $U' \cap V$ se projetant sur M_1, la formule (1) du n° 6, b) montre que l'on a $i(M_1; U_1 \cdot V_1) = i(M; U' \cdot V)$. Or le premier membre est la multiplicité $e(\mathfrak{X})$ de l'idéal $\mathfrak{X}$ de $\mathfrak{o} = \mathfrak{o}(M^D; U \times V)$ engendré par les $x_i - x_i'$, et le second membre est la multiplicité $e(\mathfrak{Y})$ de l'idéal $\mathfrak{Y}$ de $\mathfrak{o}_1 = \mathfrak{o}(M_1^{D_1}; U_1 \times V_1)$ engendré par les $y_j - y_j'$, les Y_j étant $n - e$ formes linéaires définissant la direction D de projection. Or, d'après la birationalité de la projection en M, U et V, les anneaux locaux $\mathfrak{o}$ et $\mathfrak{o}_1$ ont même corps des fractions et même corps résiduel, et $\mathfrak{o}$ est entier sur $\mathfrak{o}_1$ ($n°6$,b)). Les complétés $\hat{\mathfrak{o}}$ et $\hat{\mathfrak{o}}_1$ ont donc même anneau total de fractions; en notant L un corps de base de $\mathfrak{o}$ (§ 1, $n°4$,a)) et en posant $\mathfrak{r} = L[[y_1 - y'_1, \ldots, y_{n-e} - y'_{n-e}]]$, on a $[\hat{\mathfrak{o}}_1 : \mathfrak{r}] = [\hat{\mathfrak{o}} : \mathfrak{r}]$, d'où $e(\mathfrak{Y}) = e(\mathfrak{o} \cdot \mathfrak{Y})$. Comme l'idéal $\mathfrak{o} \cdot \mathfrak{Y}$ de $\mathfrak{o}$ a même multiplicité que $\mathfrak{X}$ (R. a.), notre assertion est démontrée.

d) — Ceci étant, des raisonnements faciles utilisant les résultats du $n°8$,c) relatifs à *la réduction au cas d'une intersection ponctuelle avec une variété linéaire*, montrent que ces résultats se généralisent aux composantes excédentaires.

10 — La multiplicité d'une spécialisation.

a) — Soient K un corps, (z) un système fini de quantités algébriques sur K. On appelle *système complet de conjugués* de (z) sur K un système $(z^{(1)}, \ldots, z^{(d)})$ de quantités, où les $(z^{(i)})$ sont les transformés de (z) par K-automorphismes, et où chaque $(z^{(i)})$ figure $[K(Z) : K]_i$ fois (facteur inséparable du degré de $K(z)$ sur K). Le nombre d des $(z^{(i)})$ est donc $[K(z) : K]$.

b) — Considérons maintenant une variété V^s de $A_s \times A_N$, ayant A_s pour projection sur le premier facteur. Supposons qu'un point de la forme $(0, a)$ soit composante de $V \cap ((0) \times A_N)$; alors (a) est algébrique sur tout corps de définition de V. Soit $(x, y) = (x_1, \ldots, x_s, y_1, \ldots, y_N)$ un point générique de V sur un corps de définition k de V; les quantités $(x_1, \ldots, x_s)$ sont algébriquement indépendantes sur k, et les y_j sont algébriques sur $k(x)$. Si $(y^{(1)}, \ldots, y^{(d)})$ est un système complet de conjugués de (y) sur $k(x)$, les points $(x, y^{(1)}), \ldots, (x, y^{(d)})$ sont les points de V qui ont (x) pour projection sur A_s (chacun étant répété $[k(x, y) : k(x)]_i$ fois); ce sont des points génériques de V sur k, et ce sont les composantes de $V \cap ((x) \times A_N)$. Considérons maintenant une spécialisation $(\bar{y}^{(1)}, \ldots, \bar{y}^{(d)})$ de $(y^{(1)}, \ldots, \bar{y}^{(d)})$ sur k prolongeant $(x) \to (0)$; les points $(0, \bar{y}^{(j)})$ sont des points de $V \cap ((0) \times A_N)$. Nous nous proposons de calculer *combien de fois* $(0, a)$ *figure* parmi eux.

c) — Par une nouvelle spécialisation l'on peut supposer que les $(\bar{y}^{(j)})$ sont tous algébriques sur k: en effet l'on peut ne changer que ceux qui ne l'étaient pas, et aucun $(\bar{y}^{(j)})$ transcendant ne peut se spécialiser en (a) puisque $(0, a)$ est composante de $V \cap ((0) \times A_N)$. En omettant ceux des $(y^{(j)})$ tels que $(\bar{y}^{(j)})$ ne soit pas fini, la spécialisation considérée est finie, et (en modifiant la signification de d) est induite par l'homomorphisme canonique de $k[x, y^{(1)}, \ldots, y^{(u)}]$ sur son quotient par un idéal maximal $\mathfrak{q}$; l'idéal $\mathfrak{q} \cap k[x]$ est engendré par les x_i. L'anneau local $\mathfrak{r} = k[x]_{(x)}$ est donc un sous-anneau de l'anneau local $\mathfrak{o} = k[x, y^{(1)}, \ldots, y^{(d)}]_{\mathfrak{q}}$. Comme ces anneaux ont même dimension s $(= \dim(V))$ et que $\mathfrak{r}$ est régulier, $\mathfrak{r}$ est un sous-espace topologique de

$\mathfrak{o}$ (R. a.). Alors le complété $\hat{\mathfrak{r}} = k[[x]]$ est un sous-anneau de $\hat{\mathfrak{o}}$; l'on peut écrire $\hat{\mathfrak{o}} = k[[x]] [y^{(1)}, \ldots, y^{(d)}]$ et $\hat{\mathfrak{o}}$ est entier sur $\hat{\mathfrak{r}}$. Considérons un idéal premier $\mathfrak{v}$ de (0) dans $\hat{\mathfrak{o}}$; comme $\mathfrak{v} \cap \hat{\mathfrak{r}} = (0)$, $\hat{\mathfrak{r}}$ s'identifie à un sous-anneau de l'anneau d'intégrité $\hat{\mathfrak{o}}/\mathfrak{v} = k[[x]] [\eta^{(1)}, \ldots, \eta^{(d)}]$, lequel peut s'identifier à un sous-anneau de la clôture algébrique $\overline{k((x))}$ du corps de séries formelles $k((x))$. Les $(\eta^{(j)})$ sont entiers sur $\hat{\mathfrak{r}} = k[[x]]$. Les systèmes $(\eta^{(1)}, \ldots, \eta^{(d)})$ et $(y^{(1)}, \ldots, y^{(d)})$ sont isomorphes sur $k(x)$. Et $(0, \overline{y}^{(1)}, \ldots, \overline{y}^{(d)})$ est une spécialisation de $(0, \eta^{(1)}, \ldots, \eta^{(d)})$ étendant l'homomorphisme canonique de $k[[x]]$ sur k. Une telle spécialisation est dite «*au centre de* $\hat{\mathfrak{r}}$».

D'autre part, pour tout j, l'anneau $\mathfrak{J}^{(j)} = k[[x]] [\eta^{(j)}]$ est un anneau semi local complet; comme il n'a pas de diviseurs de zéro, c'est un anneau local (R. b.). Donc $(\overline{y}^{(j)})$ est l'unique spécialisation de $(\eta^{(j)})$ au centre de $\hat{\mathfrak{r}}$. Par conséquent le nombre de fois où (a) figure parmi les $(\overline{y}^{(j)})$ (nombre qui ne dépend pas de l'idéal premier $\mathfrak{v}$ de (0) choisi) est égal au nombre d'indices j pour lesquels le corps résiduel de $\mathfrak{J}^{(j)}$ est isomorphe à $k(a)$. Celui-ci est *indépendant de la spécialisation* $(\overline{y}^{(1)}, \ldots, \overline{y}^{(d)})$; on l'appelle la *multiplicité de* (a) *considéré comme spécialisation de* (y) sur $(x) \to (0)$ avec référence à k; notons le m.

Il est clair que, si $(\eta^{(j)})$ admet (a) pour spécialisation au centre de $\hat{\mathfrak{r}}$, il en est de même de tout conjugué de $(\eta^{(j)})$ sur $k((x))$. Choisissons dans chaque classe de tels conjugués un représentant $(\eta^{(i)})$, et soient, pour fixer les idées, $\eta^{(1)}, \ldots, \eta^{(q)}$ les systèmes ainsi choisis. Comme $(\eta^{(1)}, \ldots, \eta^{(d)})$ est évidemment réunion de systèmes complets de conjugués sur $k((x))$, on a

$$m \cdot [k(a) : k] = \sum_{i=1}^{q} [k((x)) (\eta^{(i)}) : k((x))] . \tag{1}$$

Comme $[k(a) : k]$ divise chaque terme du second membre (R. c.) et comme toute spécialisation au centre de $\hat{\mathfrak{r}}$ d'un système complet de conjugués de $(\eta^{(i)})$ sur $k((x))$ contient tous les conjugués de (a) sur k répétés chacun le même nombre de fois, la formule (1) montre que m est *multiple du facteur inséparable* $[k(a) : k]_i$ du degré de $k(a)$ sur k.

d) — Considérons maintenant l'anneau local $\mathfrak{R}$ de $(0, a)$ sur V, et son complété $\hat{\mathfrak{R}} = k[[x]] [y]$. Pour chaque idéal premier $\mathfrak{p}_t$ de (0) dans $\hat{\mathfrak{R}}$, on a $\mathfrak{p}_t \cap k[[x]] = (0)$; donc $k[[x]]$ s'identifie à un sous-anneau de $\hat{\mathfrak{R}}/\mathfrak{p}_t$. En notant $(z^{(t)})$ l'image canonique de (y) dans $\hat{\mathfrak{R}}/\mathfrak{p}_t$, on a donc $\hat{\mathfrak{R}}/\mathfrak{p}_t = k[[x]] [z^{(t)}]$, et l'on peut identifier les $(z^{(t)})$ (qui sont entiers sur $k[[x]]$, puisque (x) est un système de paramètres de $\hat{\mathfrak{R}}$ (R. d.)) à des éléments de $\overline{k((x))}$. Comme les idéaux $\mathfrak{p}_t$ sont distincts, les $(z^{(t)})$ sont deux à deux non conjugués sur $k((x))$. Or il est clair que tout $(z^{(t)})$ admet (a) pour spécialisation au centre de $\hat{\mathfrak{r}}$. Comme c'est évidemment une spécialisation, et donc un conjugué, de (y) sur $k(x)$, il figure parmi les $(\eta^{(i)})$ définis en c), et c'est un conjugué sur $k((x))$ de l'un des q premiers. Réciproquement, pour $i = 1, \ldots, q$, l'anneau local complet $\mathfrak{J}^{(i)} = k[[x]] \, [\eta^{(i)}]$ est isomorphe à un quotient de $\hat{\mathfrak{R}}$; comme ils ont même dimension. il existe un idéal premier $\mathfrak{p}_t$ de (0) dans $\hat{\mathfrak{R}}$ tel que $\mathfrak{J}^{(i)} \cong \hat{\mathfrak{R}}/\mathfrak{p}_t$; donc $(\eta^{(i)})$ est conjugué de $(z^{(t)})$ sur $k((x))$. La formule (1) peut donc s'écrire

$$m \cdot [k(a) : k] = \sum_t \, [\, k((x)) \, (z^{(t)}) : k((x)) \,] \, . \tag{2}$$

Or (R. d.), comme $k[[x]]$ et $\hat{\mathfrak{R}}$ ont k et $k(a)$ pour corps résiduels, m est la multiplicité de l'idéal $(x_1, \ldots, x_s)$ de $\hat{\mathfrak{R}}$, c'est-à-dire la multiplicité d'intersection $i((0, a); V \cdot L)$ où L désigne la variété linéaire d'équations $X_1 = \cdots = X_s = 0$ (n° 7,c)). Nous pouvons donc énoncer:

Théorème — *Soit V^s une variété de point générique $(x_1, \ldots, x_s, y_1, \ldots, y_N)$ sur k, les x_i étant algébriquement indépendants sur k, et les y_j algébriques sur $k(x)$. Notons L la variété linéaire d'équations $X_1, = \cdots = X_s = 0$, et supposons que le point $(0, a)$ soit composante (propre) de $V \cap L$. Si $(y^{(1)}, \ldots, y^{(d)})$ est un système complet de conjugués de (y) sur $k(x)$, et si $(0, \bar{y}^{(1)}, \ldots, \bar{y}^{(d)})$ est une spécialisation de $(x, y^{(1)}, \ldots, y^{(d)})$ sur k, alors le nombre de fois où (a) figure parmi les $(\bar{y}^{(j)})$ est égal à la multiplicité d'intersection $i((0, a); V \cdot L)$; et ce nombre est multiple du facteur inséparable $[k(a) : k]_i$ du degré de $k(a)$ sur k.*

e) — Il résulte aisément du théorème précédent, et du Chap. I, § 8, n° 4,c), que si P est un point propre d'intersection d'une variété V^r définie sur k et d'une L^{n-r}, et si $\bar{L}^{n-r}$ est une variété linéaire générique sur k, alors les points d'intersection de V et $\bar{L}$ forment un système complet $(\bar{P}^{(1)}, \ldots, \bar{P}^{(d)})$ de conjugués sur $k(\bar{L})$, et, dans toute spécialisation de $(\bar{P}^{(1)}, \ldots, \bar{P}^{(d)})$ étendant $\bar{L} \to L$, le point P figure $i(P; V \cdot L)$ fois. Si L est définie sur k, alors P est algébrique sur k, et $i(P; V \cdot L)$ est multiple de $[k(P) : k]_i$. Démonstration par changement de coordonnées et utilisation de la transitivité des spécialisations.

f) — Ce dernier résultat et la transitivité des spécialisations montrent que, si V^r est définie sur k, si L'^{n-r} est spécialisation de L^{n-r} sur k, et si P et P' sont des points propres d'intersection de V avec L et L' tels que (L', P') soit spécialisation de (L, P) sur k, alors on a l'*inégalité*

$$i(P'; V' \cdot L') \geqq i(P; V \cdot L) \, . \tag{3}$$

11 — Unicité des multiplicités d'intersection.

a) — La théorème du n° 10,d) montre que la multiplicité $i(P; V \cdot L)$ d'un point propre d'intersection P d'une variété V, avec une variété linéaire L de dimension complémentaire, que nous avons définie dans ce livre (et qui coïncide évidemment avec celle définie par CHEVALLEY) est égale à celle définie par A. WEIL. Lorsque le domaine universel est le corps C des *nombres complexes* (ou, plus généralement, un corps valué complet et algébriquement clos), les notions de spécialisation et de limite coïncident, et notre $i(P; V \cdot L)$ est égale à la multiplicité d'intersection de V et L en P définie par voie analytique; plus précisément le nombre de points génériques $(x, y^{(i)})$ de V qui se spécialisent en $(0, a)$ (notations du n° 10,d)) est égal au nombre des points $(x, y^{(i)})$ qui tendent vers $(0, a)$. Le fait que, dans les trois théories en question, le procédé de réduction des multiplicités d'intersection propres au cas d'un point propre d'intersection avec une variété linéaire (n° 8,c)) est valable, montre que nos multiplicités d'intersections *coïncident* (dans le cas des composantes propres) avec celles de la théorie de A. WEIL et avec celles de la théorie analytique.

b) – Un autre moyen de démontrer la coïncidence de ces trois théories est de prouver ce qui suit. Une théorie des multiplicités des composantes propres dans l'espace affine est *entièrement déterminée* dès que

on y connait les $i(P; V \cdot L)$　(L variété linéaire, P point),　　　　(1)

la formule d'associativité (n° 8,b), (3)) y est vraie,　　　　(2)

la formule de projection ((2) du n° 6,b) y est vraie, sous les hypothèses qui sont faites à cet endroit,　　　　(3)

le critère de multiplicité 1 (n° 3,b)) y est valable pour les composantes propres.　　　　(4)

En effet (4) montre que si L est une variété linéaire générique sur un corps de définition de V, toutes les composantes de $V \cap L$ ont multiplicité 1. Alors, comme dans le n° 8,c), la propriété (2) montre que, si M est une composante propre de $V^r \cap L^s$ (L^s linéaire), et si L'^{n-r} est une sous-variété linéaire générique de dimension $n - r$ de L, alors tout point P commun à V et à L' est une composante propre de $V \cap L'$, et l'on a $i(P; V \cdot L') = i(M; V \cdot L)$; donc $i(M; V \cdot L)$ est déterminé de façon unique dans la théorie qui nous occupe. Pour passer au cas général et prouver l'unicité de $i(M; U \cdot V)$ (U et V étant deux variétés affines quelconques et M une composante propre de leur intersection), il va nous suffire, de même, de démontrer que $i(M; U \cdot V) = i(M^D; (U \times V) \cdot D)$ puisque la diagonale D est une variété linéaire; or on a, en appliquant (2) à M^D considérée comme composante de $D \cap (U \times A_n) \cap (A_n \times V)$, $i(M^D; U^D \cdot (A_n \times V)) \cdot i(U^D; D \cdot (U \times A_n)) =$ $i(M^D; D \cdot (U \times V)) i(U \times V; (U \times A_n) \cdot (A_n \times V))$. D'après (4) ceci s'écrit $i(M^D; U^D \times (A_n \times V)) = i(M^D; D \cdot (U \times V))$; et, d'après (3), le premier membre de cette dernière égalité est égal à $i(M; U \cdot V)$. Ceci démontre notre assertion.

12 — Multiplicités d'intersection et ordre d'inséparabilité.

Ce n° est consacré à la démonstration du résultat suivant:

Soient U et V deux variétés définies sur une extension algébrique d'un corps k, p^e et p^f leurs ordres d'inséparabilité sur k (chap. I, § 9, n° 1). *Si M est une composante propre de $U \cap V$, elle est définie sur une extension algébrique de k, et son ordre d'inséparabilité p^g sur k satisfait à la relation: la multiplicité d'intersection $i(M; U \cdot V)$ est multiple de p^{g-e-f}.*

a) — Le résultat ci-dessus a été démontré au n° 10,e) lorsque M est un point P, que V est une variété linéaire L, et que U et L sont définies sur k.

b) — Passons maintenant au cas où V est une variété linéaire L^{n-r} définie sur k, où U^r est définie sur une extension algébrique k' de k, et où $M = P$ est un point algébrique sur k. Il s'agit de montrer que $i(P; U \cdot L)$ est un multiple de $[k(P) : k]_i \cdot p^{-e}$, p^e désignant l'ordre d'inséparabilité de U sur k. En remplaçant k par une extension séparable, on est ramené au cas où k' est une extension p-radicielle de k; alors U est identique à toutes ses conjuguées sur k. Soit $\bar{L}^{n-r}$ une variété linéaire de dimension $n - r$ générique sur k, et soit (u) l'ensemble des coefficients (algébriquement indépendants sur k) d'un système de r équations de celle-ci. Comme au Chap. I, § 8, n° 4,c) on voit que $U \cap \bar{L}$ se compose d'un nombre fini de points, conjugués les uns des autres sur $k(u)$, et points génériques de U sur k'; plus précisément, si $(\bar{x})$ désigne l'un d'eux, les autres sont identiques aux conjugués de $(\bar{x})$ sur $k(u)$. Les propriétés algébriques de l'ordre d'inséparabilité (Chap. I, § 9, n° 1) montrent aisément que l'on a $p^e = [k(u, \bar{x}) : k(u)]_i$. Donc un système complet de conjugués de $(\bar{x})$ sur $k(u)$ se compose du système des points d'intersection de U et $\bar{L}$, chacun répété p^e fois. L'application du n° 10,e) à $U, L, \bar{L}$ et au corps k' montre que, dans toute spécialisation de ce système complet de conjugués prolongeant la spécialisation $\bar{L} \to L$ sur k', le point P figure $i(P; U \cdot L)p^e$ fois. Or, comme k' est une extension p-radicielle de k, une spécialisation sur k' est la même chose qu'une spécialisation sur k. On en déduit que $p^e i(P; U \cdot L)$ est un multiple de $[k(P) : k]_i$, et ceci est équivalent à ce que nous voulions démontrer.

c) — Passons maintenant au cas d'une composante propre M^{r-s} de $U^r \cap L^{n-s}$, U étant algébrique sur k et L définie sur k. Notons p^g et p^e les ordres d'inséparabilité de M et de U sur k. Considérons une variété linéaire $L_1^{n-(r-s)}$ générique sur k. Si P est un point d'intersection de M et de L_1, c'est une composante de $L_1 \cap M$ et un point générique de M sur $\bar{k}$; le point P est algébrique sur $K = k(L_1)$; et on a $i(M; U \cdot L) = i(P; U \cdot (L \cap L_1))$ (n° 8,c), formule (4)) Comme U a même ordre d'inséparabilité p^e sur k et sur l'extension transcendante pure K, et que l'ordre d'inséparabilité p^g de M sur k est égal à $[K(P) : K]_i$ on déduit de b) que $i(M; U \cdot L)$ est multiple de p^{g-e}.

d) – Pour passer de là au cas général, il suffit de remarquer que $i(M; U \cdot V) = i(M^D; (U \times V) \cdot D)$ (n° 7, c), formule (1)), que M et M^D ont même ordre d'inséparabilité p^g sur k, et que l'ordre d'inséparabilité de $U \times V$ sur k divise le produit $p^e p^f$ des ordres d'inséparabilité p^e et p^f de U et V sur k (Chap. I, § 9, n° 1).

§ 6 — Intersections de cycles locaux et de cycles.
1 — Calcul des cycles et des cycles locaux.

a) – Etant donnés deux cycles X et Y de P_n ou A_n, soient $X = \sum_i n_i U_i$, $Y = \sum_j m_j V_j$ (les U_i et V_j étant des variétés), désignons par W_{ijs} les composantes de $U_i \cap V_j$. On appelle *cycle intersection* de X et Y (relativement à A_n ou P_n) et on note $X \perp Y$ le cycle

$$X \perp Y = \sum_{i,j,s} i(W_{ijs}; U_i \cdot V_j) W_{ijs}. \tag{1}$$

Celui-ci n'est pas nécessairement homogène même si X et Y le sont. Lorsque X^a et Y^b sont homogènes et que toutes les composantes W_{ijs} (qui sont les composantes de $\mathrm{Supp}(X) \cap \mathrm{Supp}(Y)$) sont *propres* (c'est-à-dire de dimension $a + b - n$), on dit que le cycle intersection $X \perp Y$ est *propre*; on le note alors $X \cdot Y$, on l'appelle le *produit d'intersection* de X et Y (relativement à A_n ou P_n), et on dit que $X \cdot Y$ est *défini*. On notera qu'il ne suffit *pas* en général pour cela que toutes les composantes de $X \perp Y$ aient la bonne dimension (exemple de $X = D - D'$, $Y = E$, D, D', E étant des droites de P_3 passant par un même point et non coplanaires); cependant cette condition est suffisante s'il s'agit de cycles positifs.

b) – Etant donnés deux cycles X et X' et une sous-variété N de P_n (ou A_n), on dit que X et X' sont *localement égaux en* N, et l'on écrit $X =_N X'$, si aucune composante du cycle $X - X'$ ne contient N (ceci ne veut *pas* dire que ces composantes sont disjointes de N). Si $X =_N 0$, on dit que X est *localement nul en* N. La relation $X =_N X'$ est une relation d'équivalence compatible avec la structure de groupe ordonné gradué du groupe $G(P_n)$ des cycles de P_n; les classes d'équivalence correspondantes sont appelées les *cycles locaux* en N; les cycles locaux en N constituent un groupe, qui est le quotient de $G(P_n)$ par le sous-groupe des cycles localement nuls en N. Avec les notations de a) on dit que $X \cdot Y$ est *défini en* N (ou au voisinage de N) si toutes les composantes W_{ijs} de $\mathrm{Supp}(X) \cap \mathrm{Supp}(Y)$ qui contiennent N sont de dimension $a + b - n$; s'il en est ainsi, l'on convient, par abus de notations, d'écrire des égalités locales sous la forme $X \cdot Y =_N X' \cdot Y'$, au lieu de les écrire $X \perp Y =_N X' \perp Y'$ (même si $X \cdot Y$ n'est pas défini au sens de a)).

c) – Nous allons maintenant *traduire* dans le langage des cycles et cycles locaux diverses formules démontrées ci-dessus. La démonstration des formules données ici se fait par combinaison linéaire des résultats correspondants du § précédent. La règle de *commutativité* (§ 5, n° 1,b)) donne

$$X \perp Y = Y \perp X \, . \tag{2}$$

La formule des *variétés produits* (§ 5, n° 5) donne (X et Y désignant deux cycles de A_n ou P_n, X' et Y' deux cycles de A_m ou P_m):

$$(X \times X') \perp (Y \times Y') = (X \perp Y) \times (X' \perp Y') \, . \tag{3}$$

En désignant par X un cycle de A_n et par Y un cycle de $A_n \times A_q$ tels que, pour toutes composantes U de Y, V de X et M de $V \cap \mathrm{pr}_{A_n}(U)$, l'indice de projection de U sur A_n soit fini et que la fermeture biprojective de U ne contienne pas la variété à l'infini de $M \times A_q$, — la *formule de projection* (§ 5, n° 6,a)) donne:

$$X \perp \mathrm{pr}_{A_n}(Y) = \mathrm{pr}_{A_n}(Y \perp (X \times A_q)) \, . \tag{4}$$

La restriction relative aux indices de projection peut être levée dans la formule (4) car, pour une composante U de Y dont l'indice de projection n'est pas fini, l'indice de projection de toute composante M_i de $U \cap (V \times A_q)$ est aussi infini (puisque toute projetante d'un point de U contient au moins une courbe de U), et les termes correspondants des deux membres de (4) sont nuls par convention (Chap. I, § 9, n° 2,g)). La restriction relative aux variétés à l'infini peut être levée si l'on opère dans un produit d'espaces projectifs. Si l'on considère, au lieu de pr_{A_n}, une projection f d'un espace projectif P_r (cf. § 5, n° 4,b)), la formule (4) s'écrit:

$$X \perp f(Y) = f(Y \perp f^{-1}(X)) \tag{4'}$$

(où $f^{-1}(X)$ désigne le «cycle conique» projetant X), et est valable si, pour toutes composantes U de Y et V de X, aucune composante de $U \cap f^{-1}(V)$ n'est contenue dans le centre de f.

Enfin la formule de *réduction à la diagonale* (§ 5, n° 7,c)), qui est valable pour les composantes excédentaires (§ 5, n° 9,d)), se traduit par

$$X \perp Y = \mathrm{pr}_1(D \perp (X \times Y)) \, , \tag{5}$$

où pr_1 désigne la projection de $A_n \times A_n$, ou $P_n \times P_n$, sur son premier facteur.

d) — La *formule d'associativité*, qui n'est valable que pour les composantes propres, demande à la fois une traduction locale et une traduction globale. Soient X, Y, Z trois cycles homogènes (de A_n ou P_n) et N une sous-variété (de A_n ou P_n) tels que, pour toutes composantes U, V, W de X, Y, Z, les composantes de $U \cap V \cap W$ contenant N soient toutes propres; on a alors (§ 5, n° 8,b), (3)):

$$X \cdot (Y \cdot Z) = {}_N(X \cdot Y) \cdot Z \, . \tag{6}$$

Si, pour toutes composantes U, V, W de X, Y, Z, toutes les composantes de $U \cap V \cap W$ sont propres, on a la formule globale

$$X \cdot (Y \cdot Z) = (X \cdot Y) \cdot Z . \tag{7}$$

On remarquera que le résultat global se déduit du résultat local en y faisant $N = \theta$. A cause de ces formules nous utiliserons désormais la notation $X \cdot Y \cdot Z$.

e) – Etant donnée une composante M de l'intersection des supports de deux cycles X et Y, nous noterons $i(M; X \cdot Y)$ le coefficient de M dans $X \perp Y$ (ou $X \cdot Y$). Nous allons généraliser le *théorème de réduction* (§ 5, n° 6,b)) au cas suivant: on prend pour M une composante propre de $V \cdot X^{n-q}$ où V est une variété et où le cycle X^{n-q} est, au voisinage de M, une *intersection complète* de q diviseurs positifs H_i de l'espace ambiant; en d'autres termes on a $X = {}_M H_1 \cdot H_2 \ldots H_q$. Alors, si z_i désigne la fonction induite sur V par une équation de H_i, on a

$$i(M; X \cdot V) = e\left(\sum_{i=1}^{q} \mathfrak{o}(M; V) z_i \right). \tag{8}$$

En effet, dans le cas où $q = 1$ et où $X = H_1$ est une variété, ceci est un cas particulier du résultat cité plus haut (§ 5, n° 6,d)); lorsque H_1 est un diviseur positif quelconque, notre formule résulte du cas précédent et du fait que, si x et y sont des éléments non nuls d'un domaine d'intégrité local $\mathfrak{o}$ de dimension 1, on a $e(\mathfrak{o} \, x \, y) = e(\mathfrak{o} \, x) + e(\mathfrak{o} \, y)$ (R. a.). On démontre à partir de là le cas général par récurrence sur q en utilisant la formule d'associativité des anneaux locaux géométriques (R. b.).

2 — Multiplicité d'une sous-variété.

a) – Soit U une sous-variété d'une variété V de A_n ou P_n. Nous appelerons *multiplicité de U sur V*, et nous noterons $m(U; V)$, la multiplicité de l'anneau local $\mathfrak{o}(U; V)$ (R. a.). Comme un anneau local géométrique est régulier si et seulement si il est de multiplicité 1 (R. b.); une condition nécessaire et suffisante pour que U soit *simple* sur V est que l'on ait $m(U; V) = 1$.

b) – Nous allons montrer que l'on a

$$m(U; V) = i(U; U_1 \cdot V) = i(U; U \cdot V) \tag{1}$$

où U_1 désigne un *cylindre* de dimension $n + \dim(U) - \dim(V)$, de direction générique et passant par U. Il nous suffit de démontrer la première égalité (§ 5, n° 9,c)). Soit (C) la famille des cycles W de dimension $n + \dim(U) - \dim(V)$ passant par U, tels que U soit composante (propre) de $V \cap \mathrm{Supp}(W)$, et que W soit, au voisinage de U, une intersection complète de $\dim(V) - \dim(U)$ diviseurs H_i (ce qui est le cas si U est simple sur W d'après § 5, n° 3,e)); si z_i est la fonction induite sur V par une équation de H_i, on a $i(U; W \cdot V) = e\left(\sum_i \mathfrak{o}(U; V) z_i\right)$ (n° 1,e) $\geqq m(U; V)$ (R. c.). Mais (R. d.) il existe un système de paramètres (z_i') $(i = 1, \ldots, q; q = \dim(V) - \dim(U))$ de $\mathfrak{o}(U; V)$ engendrant un idéal de même multiplicité que $\mathfrak{o}(U; V)$, et l'on peut supposer que z_i' est induite sur V par un polynôme $F_i(X)$; en notant H_i' le diviseur d'équation $F_i(X) = 0$, et W' le cycle $H_i' \ldots H_q'$, U est composante de $V \cap \operatorname{Supp}(W')$ et l'on a $i(U; W' \cdot V) = e\left(\sum_i \mathfrak{o}(U; V)z_i' = m(U; V)\right.$. Par conséquent $m(U; V)$ est le **minimum** des entiers $i(U; W \cdot V)$ pour $W \in (C)$.

Prenons $W \in (C)$, et soit P un point simple de U tel que U soit l'unique composante de $V \cap \operatorname{Supp}(W)$ passant par P et que W soit intersection complète au voisinage de P. Désignons par M une variété linéaire générique de dimension $n - \dim(V)$ passant par P. La formule d'associativité montre que $i(U; V \cdot W) = i(P; V \cdot (W \cdot M))$. Si l'on choisit W dans (C) tel que $i(U; V \cdot W) = m(U; V)$, le fait que $W \cdot M$ est élément de la famille (C') analogue à (C) et relative à P (au lieu de U) montre que l'on a $m(P; V) \leqq m(U; V)$. Or, comme l'idéal maximal de $\mathfrak{o}(P; V)$ est engendré par les fonctions induites sur V par des fonctions linéaires, le raisonnement ci-dessus (R. d.) montre que l'on a $m(P; V) = i(P; D \cdot V)$ où D est une variété linéaire générique de dimension $n - \dim(V)$ passant par P. Si U_1 désigne le cylindre de direction D passant par U, on a $U_1 \in (C)$, d'où $m(U; V) \leqq i(U; U_1 \cdot V)$, lequel est inférieur à $i(P; D \cdot V)$ d'après la formule d'associativité. Il résulte de ces inégalités en sens contraires que l'on a $m(P; V) = i(U; U_1 \cdot V) = m(U; V)$. c. q. f. d.

c) — Nous avons démontré au passage dans b) que, *pour tout point* P de U, on a $m(P; V) \geqq m(U; V)$, avec égalité pour *presque tout point* de U (en particulier pour tout point générique de U). Donc, pour toute *sous-variété U' de U*, on a

$$m(U'; V) \geqq m(U; V). \tag{2}$$

d) — Le fait, que la multiplicité d'un produit tensoriel d'anneaux locaux complets est égale au produit des multiplicités de ces anneaux (R. e.), montre que, si U et U' sont des sous-variétés de V et V' respectivement, on a

$$m(U \times U'; V \times V') = m(U; V)\,m(U'; V'). \tag{3}$$

e) — Si M est une composante de $U \cap V$, $i(M; U \cdot V)$ est la multiplicité d'un idéal de $\mathfrak{o}(M^D; U \times V)$, d'où $i(M; U \cdot V) \geqq m(M^D; U \times V)$. Comme $M^D \subset M \times M$, on déduit de (2),c) que $m(M^D; U \times V) \geqq \geqq m(M \times M; U \times V)$. D'où, d'après (3),d):

$$i(M; U \cdot V) \geqq m(M; U)\,m(M; V). \tag{4}$$

f) — Soit P un point d'une variété V; pour alléger nous prendrons P pour origine des coordonnées. Il résulte de ce qui a été vu en b) que, si D est une droite générique passant par P, on a $i(P; D \cdot V) = m(P; V)$.

Lorsque V est une hypersurface il est facile de voir que les droites D telles que $i(P; D \cdot V)$ soit *strictement supérieur à son minimum* $m(P; V)$ (ou non défini, D étant sur V) sont celles qui annulent la forme de plus bas degré de l'équation de V, c'est-à-dire les droites contenues dans le *cône des tangentes* à V en P. Nous allons montrer que cette propriété s'étend à un point P d'une variété quelconque V^r. Faisons en effet passer par P une L^{n-r-1} générique, que nous prenons pour direction d'une projection f. La variété V se projette avec indice 1 (Chap. I, § 8, n° 3,b)) sur une hypersurface V' de A_{r+1}; soient P' la projection de P et D' une droite générique de A_{r+1} passant par P'; alors $f^{-1}(D')$ est une L^{n-r} générique passant par P, et P est l'unique composante, à distance finie ou infinie, de $V \cap f^{-1}(P')$; donc le corollaire à la formule de projection (§ 5, n° 6,b)) montre que $i(P; V \cdot f^{-1}(D'))$ est égal à $i(P'; V' \cdot D')$, c'est-à-dire que $m(P; V) = m(P'; V')$. Un raisonnement analogue montre que, pour qu'une droite D passant par P soit telle que $i(P; V \cdot D) >$ $> m(P;V)$, il faut et il suffit que $i(P'; V' \cdot f(D)) > m(P'; V')$, c'est-à-dire que $f(D)$ appartienne au cône des tangentes à V' en P'. D'autre part, pour que D soit une sécante limite (§ 3,c)) à V en P, il faut et il suffit que $f(D)$ soit une sécante limite à V' en P'. Donc, d'après l'identité des tangentes et des sécantes limites (§ 3,c)), notre assertion est démontrée.

3 — Diviseurs de fonctions.

a) — Soient V^r une variété de l'espace projectif P_n et f une fonction rationnelle ($\neq 0, \infty$) sur V. Il existe deux polynômes homogènes de même degré $F(X)$ et $G(X)$ tels que $f(x) = F(x)/G(x)$, (x) désignant un point générique de V sur un corps de définition commun à f, F, G. Désignons par D le diviseur de P_n d'équation $F(X)/G(X)$ (Chap. I, § 9, n° 2,d)). Le produit d'intersection $D \cdot V$ est défini et est un diviseur sur V (c'est-à-dire un cycle de dimension $r - 1$): en effet V n'est contenue dans aucune des deux hypersurfaces $F(X) = 0$, $G(X) = 0$. Pour toute sous-variété W^{r-1} de V, on a $i(W; D \cdot V) = e(\mathfrak{o}(W; V) f(x))$ (§ 5, n° 7,d)). Donc $D \cdot V$ ne dépend que de f (et non de sa représentation sous la forme F/G). On l'appelle le *diviseur de* f sur V, et on le note (f). Ses parties positive et négative (Chap. I, § 9, n° 2,c)) s'appellent *le diviseur des zéros* et le *diviseur des pôles* de f, et se notent $(f)_0$ et $(f)_\infty$. Les composantes de $(f)_0$ (resp. $(f)_\infty$) sont les sous-variétés W^{r-1} de V^r sur lesquelles f induit la constante 0 (resp. ∞). On a évidemment

$$(f) = (f)_0 - (f)_\infty . \tag{1}$$

Lorsque toute W^{r-1} est *simple* sur V (ce qui est le cas de toute sous-variété de dimension $r - 1$ lorsque V est *normale*; cf. § 4, n° 1,c)) on a

$$(f) = \sum v_W(f(x)) \cdot W , \tag{2}$$

v_W désignant la valuation normée dont l'anneau est $\mathfrak{o}(W; V)$ (§ 5, n° 7,d)).

Ainsi, dans le cas d'une variété normale, les diviseurs de fonctions définis géométriquement coïncident avec ceux définis par voie algébrique (R. a.).

b) — Une méthode analogue s'applique pour la définition du diviseur $(f)_{aff}$ d'une fonction f sur une variété *affine* V. Si l'on prolonge f en une fonction $\bar{f}$ sur la fermeture projective de V, le diviseur $(f)_{aff}$ s'obtient en enlevant les composantes à l'infini du diviseur $(\bar{f})$.

c) — Considérons maintenant, dans le produit $V \times P_1$ ($\subset P_n \times P_1$), le *graphe* G de la fonction f, c'est-à-dire le lieu du point $(x, f(x))$. Alors, en désignant par Θ le diviseur $(0) - (\infty)$ de P_1, on a

$$(f) = \mathrm{pr}_{P_n}(G \cdot (P_n \times \Theta)) . \tag{3}$$

Prenons en effet des coordonnées affines dans P_n et dans P_1 telles qu'aucune des composantes étudiées ne soit à l'infini ; ceci implique qu'on transforme Θ en un diviseur $\Theta' = (a) - (b)$ de A_1 ($a, b \in A_1$) et qu'on remplace le premier membre de (3) par $((f - a)/(f - b))$. Alors, en notant Y la coordonnée sur A_1, le diviseur $G \cdot (A_n \times \Theta')$ sur G est celui de la fonction $h(x, y) = (y - a)/(y - b) = (f(x) - a)/(f(x) - b)$; donc, si W'^{r-1} est une composante de ce diviseur, son coefficient est $e(\mathfrak{o}(W'; G) \cdot (f(x) - a)/(g(x) - b))$. Mais, comme la projection de G sur V est birégulière en W' (qui est «horizontale») on a $\mathfrak{o}(W'; G) = \mathfrak{o}(W; V)$, W désignant la projection de W' sur le premier facteur. Donc le coefficient de W dans $\mathrm{pr}_{A_n}(G \cdot (A_n \times \Theta'))$ est égal à $e(\mathfrak{o}(W; V) (f(x) - a)/(g(x) - b))$, c'est-à-dire au coefficient de W dans $(f(x) - a)/(g(x) - b)$. c. q. f. d.

d) — Notons que, si f et g sont deux fonctions sur V, on a

$$(fg) = (f) + (g) , \quad (1/f) = -(f) . \tag{4}$$

Enfin le fait que l'anneau de coordonnées affines d'une variété affinement normale V^r est l'intersection des anneaux des valuations correspondant aux sous variétés W^{r-1} de V (R. b.), montre que les fonctions f sur V telles que $(f)_{aff} \geqq 0$ sont les *polynômes* sur V ; sur la fermeture projective de V le diviseur des poles d'une telle fonction f est à l'infini. Donc, comme l'intersection des divers anneaux de coordonnées affines d'une variété projective est le corps de base*, une fonction f sur une variété *normale projective* V telle que le diviseur (f) soit positif est nécéssairement une *constante* ; on a alors $(f) = 0$; on déduit, dans ce cas, de (4) que, si $(f) = (g)$, alors f/g est une constante.

Ce résultat (qui est analogue au théorème de LIOUVILLE) ne s'étend évidemment pas aux variétés affines. Il ne s'étend pas non plus aux variétés projectives *non normales*, comme le montre l'exemple de la fonction y/x sur la cubique plane $x^3 + y^3 - xy = 0$.

---

* Utiliser le fait qu'un élément de cette intersection est, pour toute forme linéaire t, de la forme $P_t(x_0, \ldots, x_n)/t^{s(t)}$ où P_t est une forme de degré $s(t)$.

4 — Un théorème de Severi.

Etant donnée une variété V^r de P_n (ou même de A_n), V^r n'est pas nécéssairement l'intersection complète de $n - r$ hypersurfaces (c'est-à-dire n'est pas nécéssairement définie par $n - r$ équations), comme le montrent des exemples simples de courbes dans P_3 ou A_3. Cependant, si on utilise des cycles quelconques (non nécéssairement positifs), on a le résultat suivant, essentiellement dû à F. Severi:

Si Z^r est un cycle homogène de dimension r de P_n, il existe $n - r$ diviseurs (non nécéssairement positifs) $U_1, \ldots, U_{n-r}$ de P_n tels que $U_1, \ldots U_{n-r}$ soit défini et que l'on ait

$$Z^r = U_1 \ldots U_{n-r}. \tag{1}$$

On démontre ceci par récurrence descendante sur r, à partir du cas $r = n - 1$ où c'est trivial. Il suffit donc de montrer, d'après la formule d'associativité, que l'on a $Z^r = U \cdot Y^{r+1}$, où U est un diviseur. Soit $Z = \sum_j n_j V_j^r$, les V_j étant des variétés. Prenons des coordonnées affines $(X_1, \ldots, X_n)$ telles que le point à l'infini sur $0X_n$ ne soit sur aucune V_j. Alors la projection de V_j sur l'espace H des coordonnées $X_1, \ldots, X_{n-1}$ est birationnelle, et, en désignant par $x_i^{(j)}$ la fonction induite par X_i sur V_j, il existe des polynômes P_j et Q_j tels que $x_n^{(j)} = P_j\big(x_1^{(j)}, \ldots, x_{n-1}^{(j)}\big)/Q_j\big(x_1^{(j)}, \ldots, x_{n-1}^{(j)}\big)$. Supposons aussi que les projections des V_j sur H sont toutes distinctes, ce qui est loisible; il existe alors un polynôme $T_j(X_1, \ldots, X_{n-1})$ qui s'annule sur $V_{j'}$, pour $j' \neq j$ mais non sur V_j. En posant $T = \sum_j T_j$ et $R = \sum_j T_j P_j / T Q_j$, on a $x_n^{(j)} = R\big(x_n^{(j)}, \ldots, x_{n-1}^{(j)}\big)$ pour tout j. Ecrivons R sous la forme d'un quotient P/Q de deux polynômes, et désignons par M et N les diviseurs d'équations $X_n P(X) - Q(X) = 0$ (M est ce qu'on appelle un monoïde) et $Q(X) = 0$, et par C_j^{r+1} le cylindre parallèle à $0X_n$ projetant V_j. On voit aisément que $M \cdot C_j$ contient V_j avec coefficient 1 (§ 5, n° 3, c)), que $M \cdot C_j - V_j$ se compose de cylindres parallèles à $0X_n$, et que ce dernier cycle est égal à $N \cdot C_j$. D'où $V_j = C_j \cdot (M - N)$. Il suffit alors de poser $Y^{r+1} = \sum_j n_j C_j$ et $U = M - N$. c.q.f.d.

5 — Multiplicités d'intersection relatives.

a) — Nous nous intéressons ici aux variétés et cycles portés par une variété W^w (affine ou projective) que nous appellerons la *variété ambiante*. Si U^u et V^v sont des sous-variétés de W^w, et si M^m est une composante de $U \cap V$, l'entier $e_r = m - (u + v - w)$ est appelé l'*excès relatif* de M dans $U \cap V$. Contrairement à ce qui se passe dans l'espace affine ou projectif, il existe des composantes d'excès relatif strictement négatif: on prend pour W un hypercône de P_4 ayant pour base une quadrique Q de P_3, et pour U et V les plans projetant deux génératrices rectilignes de même système de Q; alors $U \cap V$ se réduit au sommet de W, qui est d'excès relatif -1. Cependant, si la composante M^m de $U \cap V$ est *simple sur* W, son excès relatif est *positif*: en effet, au voisinage de M, U^u et V^v sont intersections complètes de W^w avec des cylindres génériques U_1^{u+n-w} et V_1^{v+n-w} de même direction (§ 5, n° 3,e)); alors toute composante de $U_1 \cap V_1$ contenant M est un cylindre H de dimension au moins égale à $u + v + n - 2w$; et, comme M est composante d'une intersection de la forme $H \cap W$, sa dimension m satisfait à $m \geq u + v - w$. Nous ne considérerons désormais dans ce n° que des composantes *d'excès relatif nul*.

b) – Considérons une sous-variété (simple ou singulière) N de la variété ambiante W^w, et deux cycles homogènes X^u et Y^v portés par W. Nous supposerons que, *au voisinage de* N, X *et* Y *sont des sous-multiples d'intersections complètes*, c'est-à-dire qu'il existe des cycles X_1, Y_1 de l'espace et des entiers a, b tels que $a \cdot X =_N W \cdot X_1$, $b \cdot Y =_N W \cdot Y_1$. Pour plus de simplicité dans les calculs, et en particulier pour nous débarasser des coefficients a et b, nous allons considérer des cycles *à coefficients rationnels*; la partie qui nous intéresse de la théorie des cycles à coefficients entiers (n° 1) s'étend sans y changer un mot aux cycles à coefficients rationnels; notre hypothèse veut alors dire qu'il existe des cycles X_1, Y_1 de l'espace tels que $X =_N W \cdot X_1$, $Y =_N W \cdot Y_1$. Nous supposerons de plus que le cycle $X_1 \cdot W \cdot Y_1$ est *défini en* N; il revient au même de dire que, pour toutes composantes U de X et V de Y, toutes les composantes de $U \cap V$ contenant N sont d'excès relatif nul (petit calcul de dimensions). Dans ces conditions nous définirons le *cycle local* (en N) *intersection relative de* X *et* Y par la formule

$$(X \cdot Y)_W =_N X_1 \cdot W \cdot Y_1 =_N X_1 \cdot Y =_N X \cdot Y_1 . \tag{1}$$

On dit alors que $(X \cdot Y)_W$ est *défini en* N. La définition que nous venons de donner est indépendante du choix des cycles X_1, Y_1: en effet, si l'on a aussi $X =_N W \cdot X_2$ et $Y =_N W \cdot Y_2$, on déduit de la formule d'associativité locale (n° 1,d), (6)) que l'on a $X_1 \cdot W \cdot Y_1 =_N X_2 \cdot W \cdot Y_2$. Si M est une composante de $\mathrm{Supp}(X) \cap \mathrm{Supp}(Y)$ contenant N, le coefficient de M dans le cycle local $(X \cdot Y)_W$ s'appelle *la multiplicité d'intersection relative* de X et Y en M sur W, et se note $i_W(M; X \cdot Y)$; on remarquera que ce nombre est indépendant de la sous-variété N de M choisie, puisqu'on peut remplacer celle-ci par M sans changer X_1 et Y_1.

Remarque — La multiplicité $i_W(M; X \cdot Y)$ est un nombre rationnel. Si N n'est pas simple sur W, ce n'est pas nécessairement un entier, même si X et Y sont des variétés. Par exemple si W est un cône du second degré de sommet M dans P_3, et si X et Y sont deux génératrices de W, on a $X = \frac{1}{2} W \cdot X_1$ et $Y = \frac{1}{2} W \cdot Y_1$, X_1 et Y_1 désignant les plans tangents à W le long de X et Y; d'où $(X \cdot Y)_W = \frac{1}{2} X_1 \cdot Y = \frac{1}{2} M$, et $i_W(M; X \cdot Y) = \frac{1}{2}$.

c) – Cette dernière circonstance ne peut pas se produire si N est *simple* sur W. Plus précisément, si N est simple sur W, toute sous-variété U de W (et plus généralement tout cycle X porté par W) est, au voisinage de N, intersection complète de W et d'une variété U_1 de l'espace; on peut par exemple prendre pour U_1 un cylindre (ou cône) générique passant par U (§ 5, n° 3,e)). Notre définition des multiplicités d'intersection relatives s'applique donc aux composantes simples sur W de l'intersection $U \cap V$ de deux sous-variétés de W, à condition que ces composantes soient d'excès relatif nul. Si M est une composante simple et d'excès relatif nul de l'intersection $U \cap V$ de deux sous-variétés de W, on a

$$i_W(M; U \cdot V) = i(M; U \cdot V) \,, \tag{2}$$

le second membre désignant la multiplicité de M considérée comme composante excédentaire de $U \cap V$ dans l'espace affine ou projectif; en effet on a, d'après la définition donnée en b), $i_W(M; U \cdot V) = i(M; U_1 \cdot V)$ où U_1 est un cylindre générique passant par U; et la formule (2) résulte alors de la réduction des composantes excédentaires aux composantes propres (§ 5, n° 9,c)). Pour une composante *multiple* M, on a seulement $i_W(M; U \cdot V) \leqq i(M; U \cdot V)$.

d) – Il résulte de (2) que, si nous notons x_i (resp. x_i') la fonction induite sur U (resp. V) par la coordonnée X_i, $i_W(M; U \cdot V)$ est la multiplicité $e(\mathfrak{X})$ de l'idéal $\mathfrak{X}$ de $\mathfrak{o}(M^D; U \times V)$ engendré par $(x_1 - x_1', \dots, x_n - x_n')$. Extrayons de $(X_1, \dots, X_n)$ un *système uniformisant de formes linéaires* (§ 4, n° 3,b)) de W le long de M, soit, pour fixer les idées (X_α) $(1 \leqq \alpha \leqq w = \dim(W))$. Si nous désignons par (X_β) $(w + 1 \leqq \beta \leqq n)$ les autres coordonnées, il existe $n - w$ éléments F_j de l'idéal de W tels que le déterminant $\det(\partial F_j/\partial X_\beta)$ soit $\neq 0$ sur M (§ 4, n° 3,b)). Or on a $F_j(x) = F_j(x') = 0$ sur $U \times V$; d'où, par développement de Taylor,

$$0 = F_j(x') = \sum_i (x_i' - x_i)\, \partial F_j/\partial x_i + \sum_{i,i'} b_{ii'}\, (x_i' - x_i)\, (x_{i'}' - x_{i'}) \,,$$

c'est-à-dire $\sum_i (x_i' - x_i)\, \partial F_j/\partial x_i \in \mathfrak{X}^2$. Il en résulte que, si $\mathfrak{q}$ est l'idéal de $\mathfrak{o}$ engendré par les $x_\alpha' - x_\alpha$, on a $\mathfrak{X} = \mathfrak{q} + \mathfrak{X}^2$, d'où $\mathfrak{X} = \mathfrak{q}$ (R. a.). D'où, pour une composante *simple* M de $U \cap V$:

$$i_W(M; U \cdot V) = e\Big(\sum_\alpha (x_\alpha' - x_\alpha)\mathfrak{o}\Big). \tag{3}$$

Ceci montre que notre définition de $i_W(M; U \cdot V)$ coïncide avec celle de Chevalley. Notre démonstration montre aussi que, si U et V sont des sous-variétés d'une variété linéaire L d'un espace (affine par exemple) A_n, et si M est une composante de $U \cap V$, les multiplicités d'intersection (propres ou excédentaires) de U et V en M sont égales, que l'on prenne A_n ou L pour espace ambiant.

e) – Les hypothèses étant celles de d) (*M simple*), supposons de plus que la sous variété V de W soit, localement en la composante M de $U \cap V$, intersection de W et d'une variété V_1 de l'espace *définie* (localement ou globalement) par $n - \dim(V_1) = \dim(W) - \dim(V)$ *équations* $(F_i(X) = 0)$; autrement dit l'idéal premier $\mathfrak{v}$ de V dans $\mathfrak{o}(M; W)$ est engendré par les $\dim(W) - \dim(V)$ éléments $y_i = F_i(x)$. Alors, comme $i_W(M; U \cdot V) = i(M; U \cdot V_1)$, le théorème de réduction (§ 5, n° 7, b)) montre que $i_W(M; U \cdot V)$ est égal à la multiplicité de l'idéal de $\mathfrak{o}(M; U)$ engendré par les classes $(\bar{y}_i)$ des (y_i), c'est-à-dire à $e(\mathfrak{v} + \mathfrak{u}/\mathfrak{u})$, $\mathfrak{u}$ désignant l'idéal premier de U dans $\mathfrak{o}(M; W)$. Si, de plus, l'idéal $\mathfrak{u}$ est lui aussi engendré par $\dim(W) - \dim(U)$ éléments (z_j), le fait que $\mathfrak{o}(M; W)$ est un anneau local régulier et le théorème d'équidimensionalité d'I. S. COHEN (R. b.) montrent que la multiplicité de $\mathfrak{v} + \mathfrak{u}/\mathfrak{u}$ est égale à sa *longueur* (R. c.), c'est-à-dire à la longueur de l'idéal primaire $\mathfrak{v} + \mathfrak{u}$ pour l'idéal maximal $\mathfrak{m}(M; W)$.

f) — Revenons maintenant au cas général, les hypothèses étant celles faites en b). De petits calculs, utilisant la formule locale d'associativité et les formules du n° 1, montrent que l'on a les formules locales suivantes:

$$(X \cdot Y)_W = {}_N(Y \cdot X)_W \quad \text{(commutativité)} . \tag{4}$$

$$((X \cdot Y)_W \cdot Z)_W = {}_N(X \cdot (Y \cdot Z)_W)_W \quad \text{(associativité)} . \tag{5}$$

$$((X \times X') \cdot (Y \times Y'))_{W \times W'} = {}_{N \times N'}(X \cdot Y)_W \times (X' \cdot Y')_{W'} \tag{6}$$
$$\text{(cycles produits).}$$

Ces trois formules s'entendent au sens suivant: si le premier membre est défini, l'autre l'est aussi et lui est localement égal. La formule suivante demande, pour être valide, que ses deux membres soient définis:

$$(X \cdot Y)_W = \mathrm{pr}_1((W^D \cdot (X \times Y))_{W \times W}) \quad \text{(réduction à la diagonale)} . \tag{7}$$

La formule d'associativité et le résultat vu à la fin de e) montrent que, si P est un *point simple* de W^r, et si $X_1, \ldots, X_r$ sont r diviseurs positifs de W qui sont localement des intersections complètes en P (c'est-à-dire que X_j est le diviseur d'une fonction z_j de $\mathfrak{o}(P; W)$) et dont P est une composante d'intersection, alors le coefficient de P dans le cycle local $(X_1 \cdot X_2 \ldots X_r)_W$ est égal à la *longueur de l'idéal* $(z_1, \ldots, z_r)$ de $\mathfrak{o}(P; W)$ (qui est primaire pour $\mathfrak{m}(P; W)$). Pour que les fonctions $(z_1, \ldots, z_r)$ forment un système de *paramètres uniformisants* de W en P (c'est-à-dire engendrent $\mathfrak{m}(P; W)$; cf. § 4, n° 3, a)), il faut et il suffit donc que l'on ait $(X_1 \cdot X_2 \ldots X_r)_W = {}_P P$ (R. d.).

Nous nous contenterons de donner la *formule de projection* dans le cas global. Si X est un cycle du produit $W \times W'$ de deux variétés projectives, et si Y est un cycle de W tel que toute composante M de $\mathrm{Supp}(Y) \cap \mathrm{Supp}(\mathrm{pr}_W(X))$ soit d'excès relatif nul, que Y et $\mathrm{pr}_W X$ soient intersections complètes au voisinage de toute composante M, et que X soit intersection complète au voisinage de toute composante de $\text{Supp}(X) \cap \text{Supp}(Y \times W')$, alors $((Y \times W') \cdot X)_{W \times W'}$ est défini, et on a

$$(Y \cdot \text{pr}_W X)_W = \text{pr}_W((X \cdot (Y \times W'))_{W \times W'}) \, . \tag{8}$$

g) – L'*invariance* des cycles locaux intersections relatives par *transformation birationnelle et birégulière* en N de W est évidente dans le cas où N est simple, en vertu de (2) (c)) et de la propriété analogue démontrée pour les intersections excédentaires (§ 5, n° 4, a)). Dans le cas général il s'agit de montrer que, si X et Y sont deux cycles de W et M une composante de $\text{Supp}(X) \cap \text{Supp}(Y)$ telle que $(X \cdot Y)_W$ soit défini en M, et si W' est une variété en correspondance birationnelle et birégulière avec W au voisinage de M (en ce cas la variété M' correspondant à M sur W' est composante de l'intersection $\text{Supp}(X') \cap \text{Supp}(Y')$ des supports des cycles X' et Y' correspondant birégulièrement à X et Y sur W), alors le cycle intersection $(X' \cdot Y')_{W'}$ est défini au voisinage de M', et on a

$$i_W(M; X \cdot Y) = i_{W'}(M'; X' \cdot Y') \, . \tag{9}$$

Les questions de dimension sont en effet évidentes. Par linéarité, et d'après l'associativité et le théorème de Severi (n° 4), il nous suffira, pour montrer que X' et Y' sont des intersections complètes en M' et que la formule (9) est vraie, de nous borner à X', et de supposer que X et X' sont des diviseurs positifs et Y et Y' des variétés. Par hypothèse on a $X =_M W \cdot X_1$ et $(X \cdot Y)_W =_M Y \cdot X_1$ où X_1 désigne un diviseur de l'espace ambiant. En notant z (resp. $\bar{z}$) la fonction induite sur W (resp. Y) par une équation de celui-ci, les composantes V_j de X contenant M correspondent aux idéaux premiers minimaux $\mathfrak{p}_j$ de $\mathfrak{o}(M; W) \cdot z$, le coefficient n_j de V_j dans X étant $e(\mathfrak{o}_{\mathfrak{p}_j} z)$ (§ 5, n° 7, d), (2)) (où $\mathfrak{o} = \mathfrak{o}(M; W)$ et $\mathfrak{o}_{\mathfrak{p}_j} = \mathfrak{o}(V_j; W)$), – et la multiplicité $i_W(M; X \cdot Y)$ est $e(\mathfrak{o}(M; Y)\bar{z})$ (ibid.). Comme on peut, après multiplication par un élément inversible, supposer que l'élément z de $\mathfrak{o} = \mathfrak{o}(M; W) = \mathfrak{o}(M'; W')$ est induit sur W' par l'équation d'un diviseur positif X_1', on voit aussitôt que l'on a $X_1' \cdot W' =_{M'} \sum_j n_j V_j'$, V_j' désignant la sous-variété de W' dont l'idéal premier dans $\mathfrak{o}(M'; W')$ est $\mathfrak{p}_j$; autrement dit X' est, en M', une intersection complète $X_1' \cdot W'$. D'autre part, comme $\mathfrak{o}(M; Y) = \mathfrak{o}(M'; Y')$, on a $e(\mathfrak{o}(M; Y)\bar{z}) = e(\mathfrak{o}(M'; Y')\bar{z})$, c'est-à-dire $i_W(M; X \cdot Y) = i_{W'}(M'; X' \cdot Y')$.

h) – Voyons ce qui se passe lorsqu'*on s'induit* sur une sous-variété U de W. Soient X et Y deux cycles de W tels que Y soit aussi porté par U, et soit N une sous-variété de U (éventuellement vide), contenue dans X et Y, et telle que, au voisinage de N, X et U soient des intersections complètes de W ($X =_N X_1 \cdot W$, $U =_N U_1 \cdot W$) et Y une intersection complète de U ($Y =_N Y_1 \cdot U$). Alors, si les composantes en question sont toutes d'excès relatif nul, les cycles locaux $(X \cdot U)_W$ et $(X \cdot Y)_W$

sont définis puisque $Y = {}_N(Y_1 \cdot U_1) \cdot W$ d'après l'associativité locale; posons $X_U = {}_N(X \cdot U)_W$. On a alors

$$(X_W \cdot Y) = {}_N(X_U \cdot Y)_U . \tag{10}$$

En effet le second membre est défini puisque $X_U = {}_N X_1 \cdot U$, et est localement égal à $X_1 \cdot U \cdot Y_1 = {}_N X_1 \cdot Y$, c'est-à-dire au premier membre.

i) — Si f est une fonction sur W et si U est une sous-variété de W telle que la fonction $\bar{f}$ induite par f sur U ne soit pas identiquement nulle ou infinie, alors les *diviseurs* de f sur W et de $\bar{f}$ sur U sont liés par

$$(\bar{f}) = ((f) \cdot U)_W \tag{11}$$

lorsque le second membre est défini, c'est-à-dire lorsque U est intersection complète de W en toute composante de $(\bar{f})$; il suffit en effet d'utiliser l'associativité et la définition de (f) (et $(\bar{f})$) donnée au n° 3, a).

6 — Rationalité des produits d'intersection.

a) — Nous avons vu que, si U et V sont des variétés (affines ou projectives) définies sur une extension algébrique d'un corps k et d'ordres d'inséparabilité p^a et p^b sur k, et si M est une composante *propre* de $U \cap V$ d'ordre d'inséparabilité p^c sur k, alors $i(M; U \cdot V)$ est un multiple de p^{c-a-b} (§ 5, n° 12). Ceci s'étend au cas où M est *excédentaire*: c'est en effet alors une composante propre de $U' \cap V$, où U' est un cylindre générique passant par U, et on a $i(M; U \cdot V) = i(M; U' \cdot V)$ (§ 5, n° 9, c)); d'autre part la considération du corps des fonctions rationnelles sur U' (qui est une extension transcendante pure du corps des fonctions rationnelles sur U) montre que l'ordre d'inséparabilité de U' sur $k(D)$ (D: direction du cylindre U'; $k(D)$ est extension transcendante pure de k) est égal à p^a; enfin les ordres d'inséparabilité de M et de V sont les mêmes sur k et sur $k(D)$. Par conséquent, et en vertu de la formule (2) du n° 5, c), si U et V sont portées par une variété W et si M est une composante *simple et d'excès relatif nul* sur W de $U \times V$, $i_W(M; U \cdot V)$ est un multiple de p^{c-b-a} (ceci sans hypothèse sur def(W)). Cette propriété ne s'étend *pas* aux composantes M multiples sur W, puisque $i_W(M; U \cdot V)$ peut être fractionnaire (n° 4, b), remarque).

b) — Soient maintenant X et Y deux cycles *rationnels* sur un corps k. Alors le cycle $X \perp Y$ est *rationnel sur k*. Posons en effet $X = \sum_i n_i U_i$, $Y = \sum_j m_j V_j$. Toute composante M de $U_i \cap V_j$ (c'est-à-dire de $X \perp Y$) est algébrique sur k; et, si σ est un k-automorphisme, M^σ est composante de $X \perp Y$ puisque U_i^σ et V_j^σ figurent dans X et Y. D'autre part les coefficients de M et M^σ dans $X \perp Y$ sont égaux (§ 5, n° 1, f)), et valent $n_i m_j i(M; U_i \cdot V_j)$. Or, par hypothèse, n_i (resp. m_j) est multiple de l'ordre d'inséparabilité p^a (resp. p^b) de U_i (resp. V_j) sur k. Mais, d'après a), $i(M; U_i \cdot V_j)$ est multiple de p^{c-a-b}, p^c désignant l'ordre d'inséparabilité de M sur k. Donc le coefficient $n_i m_j i(M; U_i \cdot V_j)$ de M dans $X \perp Y$ est multiple de p^c, ce qui démontre notre assertion. Il résulte alors du n° 5,c) que, si X et Y sont des cycles rationnels sur k et portés par une variété W telle que toutes les composantes de $\operatorname{Supp}(X) \cap \operatorname{Supp}(Y)$ soient *simples et d'excès relatif nul* sur W, alors le cycle $(X \cdot Y)_W$ est *rationnel sur k*; en effet, avec les hypothèses faites, on a $(X \cdot Y)_W = X \perp Y$; on remarquera que nous ne supposons *pas* que la variété ambiante W est définie sur k.

c) — Démontrons, comme application de ceci, un résultat dû à W. L. Chow, et qui constitue une réciproque partielle d'un résultat vu au chap. I (§ 9, n° 4,g)). Soient W une variété définie sur k, et X un diviseur positif sur W, dont toutes les composantes sont simples sur W, et dont *les coordonnées de* Chow *sont rationnelles sur k*; alors X est *rationnel sur k*. Considérons un hypercône générique X' projetant X; si D désigne le centre de la projection correspondante, le diviseur X' est rationnel sur $k(D)$ puisque les coefficients de son équation s'expriment rationnellement au moyen des coordonnées de Chow de X et des coefficients des équations de D (Chap. I, § 9, n° 4). Or, comme X est simple sur W, $X' \cdot W$ est somme de X et d'un diviseur positif «transcendant» sur k (puisque le support de X est l'intersection des supports des divers X'; cf. Chap. I, § 9, n° 4,h)). Comme $X' \cdot W$ est rationnel sur $k(D)$ d'après b), et que $k(D)$ est extension transcendante pure de k, notre assertion est démontrée (Chap. I, § 9, n° 3,h)).

7 — Le théorème de spécialisation.

Théorème de spécialisation — *Soient Y et Z deux cycles positifs portés par une variété projective U définie sur k; si (Y', Z') est une spécialisation de (Y, Z) sur k telle que $(Y', \cdot Z')_U$ soit défini (cf. n° 5,b)), alors toutes les composantes de $\operatorname{Supp}(Y) \cap \operatorname{Supp}(Z)$ sont d'excès relatif nul sur U; si, de plus, toutes ces composantes sont simples sur U, alors $(Y \cdot Z)_U$ est défini, et $(Y', Z', (Y' \cdot Z')_U)$ est l'unique spécialisation de $(Y, Z, (Y \cdot Z)_U)$ sur k prolongeant $(Y, Z) \to (Y', Z')$.*

L'assertion relative aux excès relatifs sur U des composantes de $\operatorname{Supp}(Y) \cap \operatorname{Supp}(Z)$ est conséquence immédiate du Chap. I, § 8, n° 2,c). D'autre part Y' et Z' sont portés par U (Chap. I, § 9, n° 7,e)). Notons que le théorème de spécialisation exprime la compatibilité de la spécialisation des cycles avec le produit d'intersection.

a) — Démontrons d'abord le théorème de spécialisation dans le cas où U est *l'espace projectif P_n*. En choisissant un hyperplan à l'infini ne contenant aucune des composantes des six cycles considérés, nous nous ramenons au cas affine. Par utilisation des cycles produits et de

la diagonale (n° 1, c), (5)) et application de la compatibilité des spécialisations de cycles avec les produits cartésiens et les projections
(Chap. I, § 9, n° 7), nous sommes ramenés au cas où Z est une variété
linéaire définie sur le corps premier (donc $Z' = Z$). Soit alors L une
sous variété linéaire de Z, générique sur $k(Y, Y')$, et de dimension
telle que ses intersections avec Y et Y' soient propres et de dimension 0;
comme les composantes de $Y \cdot Z$ et de $Y' \cdot Z$ sont déterminées de façon
unique par leurs intersections avec L (qui sont des points génériques
de celles ci sur $\overline{k(Y, Y')}$; cf. Chap. I, § 8, n° 4, c)), la définition même
des formes associées à $Y \cdot Z$ et $Y' \cdot Z$ par les intersections de ces cycles
avec L (Chap. I, § 9, n° 4, b)) montre qu'il suffit de prouver que
$(Y', Y' \cdot L)$ est l'unique spécialisation de $(Y, Y \cdot L)$ sur $k(L)$ étendant
$Y \to Y'$; en d'autres termes nous sommes ramenés au cas d'intersections
ponctuelles. Enfin faisons une projection f dont le centre C est de
dimension $\dim(L) - 2$, est situé dans L, et est générique sur $k(Y, Y', L)$;
alors $f(Y)$ et $f(Y')$ sont des diviseurs, $f(Y')$ est une spécialisation de
$f(Y)$ sur $k(C, L)$ (Chap. I, § 9, n° 7, d)) et $f(L)$ est une droite; d'après
la caractérisation des coordonnées de CHOW des cycles $Y \cdot L$ et $Y' \cdot L$
par les projections génériques de ceux-ci (Chap. I, § 9, n° 4, a)), il nous
suffit de montrer que $f(Y' \cdot L) = f(Y') \cdot f(L)$ est l'unique spécialisation
de $f(Y \cdot L) = f(Y) \cdot f(L)$ étendant $f(Y) \to f(Y')$ (c'est-à-dire $Y \to Y'$);
mais, comme il s'agit maintenant d'une droite et de diviseurs, la démonstration en est élémentaire.

   b) – Dans le cas, encore, où $U = P_n$, le raisonnement fait en a)
montre que, si M est une composante de $Y \cdot Z$, alors toutes les composantes N_j d'une spécialisation M' de M étendant $(Y, Z) \to (Y', Z')$
sont des composantes de $Y' \cdot Z'$. D'autre part l'on a

$$i(N_j; Y' \cdot Z') \geqq i(M; Y \cdot Z) . \qquad (1)$$

En effet les réductions successives faites en a) nous ramènent au cas
où $Z = Z'$ est une droite, et où Y et Y' sont des diviseurs; et, dans ce
cas, (1) se réduit à une question facile de multiplicités de racines
d'équations algébriques.

   c) – Passons maintenant au cas où Y, Z, Y', Z' sont portés par
une sous-variété U de P_n définie sur k. Nous ferons l'hypothèse suivante
sur Y et Z:

   (C) – *Il existe des cycles* Y_1, Z_1 *de* P_n *tels que, en toute composante* M
de $Y \cdot Z$, *on ait* $Y = {}_M U \cdot Y_1$ *et* $Z = {}_M U \cdot Z_1$ (Y_1 *et* Z_1 *étant les mêmes*
pour toutes ces composantes).

   On a alors, globalement, $U \cdot Y_1 = Y + \overline{Y}$ et $U \cdot Z_1 = Z + \overline{Z}$, où
$\overline{Y}$ et $\overline{Z}$ sont des cycles positifs ne contenant aucune composante de
$(Y \cdot Z)_U$. Prolongeons la spécialisation $(Y, Z) \to (Y', Z')$ en une spécialisation $(Y_1, Z_1) \to (Y'_1, Z'_1)$; d'après a) celle-ci se prolonge, et de
façon unique, en une spécialisation $(\overline{Y}, \overline{Z}) \to (\overline{Y}', \overline{Z}')$ qui vérifie

$U \cdot Y'_1 = Y' + \overline{Y}'$, $U \cdot Z'_1 = Z' + \overline{Z}'$. On a alors $(Y \cdot (Z + \overline{Z}))_U = Y \cdot Z_1$ et $(Y' \cdot (Z' + \overline{Z}'))_U = Y' \cdot Z'_1$ (n° 5, b)) ce qui montre que $(Y' \cdot (Z' + \overline{Z}'))_U$ est spécialisation de $(Y \cdot (Z + \overline{Z}))_U$. Or, si M est une composante de $(Y \cdot Z)_U$ et N' une composante d'une spécialisation M' de M étendant $(Y, Z) \to (Y', Z')$, N' est une composante de $(Y' \cdot Z')_U$ puisqu'elle a la dimension qu'il faut; et, comme $i(N'; Y' \cdot Z'_1) \geqq i(M; Y \cdot Z_1)$ (d'après b)) et que M n'est pas composante de $(Y \cdot \overline{Z})_U$, on a $i_U(N'; Y' \cdot Z')$ $\geqq i_U(M; \dot{Y} \cdot Z)$. Donc, en notant $(Y \cdot Z)'_U$ une spécialisation de $(Y \cdot Z)_U$ étendant les spécialisations précédentes, on a $(Y' \cdot Z')_U$ $\geqq (Y \cdot Z)_U$; de même $(Y' \cdot \overline{Z}')_U \geqq (Y \cdot Z)'_U$. Il s'ensuit que l'on a $(Y' \cdot (Z' + \overline{Z}'))_U \geqq (Y \cdot Z)'_U + (Y \cdot \overline{Z})'_U$; mais comme les deux membres de cette inégalité sont des spécialisations du même cycle $(Y \cdot (Z + \overline{Z}))_U = (Y \cdot Z)_U + (Y \cdot \overline{Z})_U$, ils ont même degré, et toutes nos inégalités sont des égalités. D'où la conclusion du théorème de spécialisation lorsque $(Y' \cdot Z')_U$ est défini et que l'hypothèse (C) est vérifiée.

On notera que nous n'avons utilisé (C) que pour l'un des deux cycles.

d) — L'hypothèse (C) est vérifiée lorsque toutes les composantes de $(Y \cdot Z)_U$ sont *simples* sur U: il suffit en effet de prendre pour Y_1 et Z_1 des cônes génériques projetant Y et Z; ceci complète la démonstration du théorème de spécialisation. On notera que (C) est aussi vérifiée lorsque $(Y \cdot Z)_U$ admet *une seule composante M qui soit singulière sur U*, et que Y et Z sont des intersections complètes $Y = {}_M U \cdot Y_2$, $Z = {}_M U \cdot Z_2$ au voisinage de M: on «corrige» en effet les composantes de $Y_2 \cdot U$ contenant d'autres composantes de $(Y \cdot Z)_U$ au moyen de cônes génériques, et l'on se ramène par différence au cas de cycles positifs.

Le théorème de spécialisation explique la présence de multiplicités d'intersection fractionnaires en une sous-variété singulière de la variété ambiante (étudier l'exemple du cône quadratique donné au n° 5, b) au moyen de spécialisations de coniques).

e) — Lorsque les cycles $(Y \cdot Z)_U$ et $(Y' \cdot Z')_U$ sont de dimension zéro, le fait que le second est spécialisation du premier montre qu'ils ont même degré, c'est-à-dire que, si l'on pose $(Y \cdot Z)_U = \sum\limits_j n_j P_j$, $(Y' \cdot Z')_U = \sum\limits_i m'_i P'_i$ (P_j, P'_i: points), on a

$$\sum_j n_j = \sum_i m'_i . \qquad (2)$$

Autrement dit le «nombre» des points P_j (chacun compté avec sa multiplicité) est égal à celui des points P'_i. Ceci est le «*principe de conservation du nombre*».

Exemples — 1) Soient X^r un cycle positif de degré d et de dimension r de P_n, et L^{n-r} une variété linéaire telle que $L \cdot X$ soit défini; alors $L \cdot X$ *est de degré d* (autrement dit $L \cdot X$ «se compose de d points»). En effet ceci est vrai pour une variété linéaire générique $\bar{L}$ en vertu de la définition de d (Chap. I, § 8, n° 4) et du fait que, pour toute composante V de X, les points d'intersection de V et $\bar{L}$ sont tous de multiplicité 1 (§ 5, n° 3, d)). Notre assertion s'ensuit en spécialisant $\bar{L}$ en L. On en déduit que, si M est une variété linéaire de dimension $q \geqq n - r$, alors $M \cdot X$, s'il est défini, est un cycle de degré d et de dimension $q + r - n$.

2) Soient $H_1, \ldots, H_n$ n diviseurs positifs de P_n, de degrés $d_1, \ldots, d_n$ et tels que $H_1 \ldots H_n$ soit défini; alors *le degré de* $H_1 \ldots H_n$ est $d_1 \ldots d_n$ («Théorème de Bezout»). En effet soit $\bar{H}_i$ un diviseur générique de même degré d_i que H_i, et soit D_i un diviseur décomposé en d_i hyperplans génériques et indépendants; comme H_i et D_i sont spécialisations de $\bar{H}_i$, les degrés de $H_1 \ldots H_n$ et $D_1 \ldots D_n$ sont égaux; et ce dernier est évidemment $d_1 \ldots d_n$. D'après 1) on en déduit que, si $H_1, \ldots, H_q$ $(q \leqq n)$ sont des diviseurs positifs de P_n de degrés $d_1, \ldots, d_q$, et si $H_1, \ldots, H_q$ est défini, le degré de ce cycle (de dimension $n - q$) est $d_1 \ldots d_q$. D'autre part, si X et Y sont des cycles positifs de P_n de degrés d et d' tels que $X \cdot Y$ soit défini, le degré de $X \cdot Y$ *est* dd' si X et Y sont des intersections complètes de diviseurs positifs; on peut lever cette dernière restriction par linéarité en utilisant le théorème de Severi (n° 4).

8 — Familles algébriques de cycles.

a) – Soient U et V deux variétés projectives, et X un cycle de $U \times V$ se projetant sur U tout entier; soit k un corps de définition de U et V sur lequel X soit rationnel. Pour tout point P de U pour lequel le second membre est défini, nous poserons

$$X(P) = \mathrm{pr}_V \left((P \times V) \cdot X \right) \tag{1}$$

(où, pour alléger, nous écrivons $(P \times V) \cdot X$ le cycle intersection relative $((P \times V) \cdot X)_{U \times V}$). Le cycle $X(P)$ est rationnel sur $k(P)$ (n° 6). D'après la compatibilité des spécialisations avec les produits cartésiens (Chap. I, § 9, n° 7, f)), les projections (ibid., d)) et les produits d'intersection (n° 7) on voit que, si P' est une spécialisation de P sur k, alors $X(P')$ est l'*unique spécialisation* de $X(P)$ sur k prolongeant $P \to P'$. En particulier $X(P)$ et $X(P')$ ont *même degré*; s'ils sont de dimension 0 ils contiennent le *même nombre* de points (et ce nombre est *l'indice de projection* de X sur U lorsque X se réduit à une variété).

b) – Réciproquement donnons nous deux variétés projectives U et V définies sur k, un point générique P de U sur k, et un cycle Z porté par V et rationnel sur $k(P)$. Nous allons montrer *qu'il existe* un cycle X de $U \times V$ rationnel sur k et tel que

$$Z = \mathrm{pr}_V \left((P \times V) \cdot X \right) \tag{2}$$

(c'est-à-dire tel que $Z = X(P)$). Par linéarité nous sommes ramenés au cas où Z est premier rationnel sur $k(P)$ (Chap. I, § 9, n° 3, f)). Etant donné n'importe quel cycle Y premier rationnel sur un corps k', nous dirons qu'un point générique (x) d'une composante quelconque de Y sur $\bar{k}'$ est un *point générique* de Y sur k'; notons que la donnée de (x) et de k' détermine Y, qui est la somme du lieu de Y sur $\bar{k}'$ et de ses

conjugués, multipliée par l'ordre d'inséparabilité de $k'(x)$ sur k'
(cf. Chap. I, § 9, n° 3,f)); on dira que le cycle Y est le *lieu* de (x) sur k'.
Ceci étant, considérons un point générique Q de Z sur $k(P)$, et prenons
pour X le lieu de (P, Q) *sur* k. Notons W et T les variétés lieux de
(P, Q) sur $\overline{k}$ et sur $\overline{k(P)}$. Comme $k(P)$ est extension régulière de k,
tout k-automorphisme de $\overline{k}$ se prolonge, et de façon unique, en un
$k(P)$-automorphisme de $\overline{k(P)}$ (R. a.); donc les conjuguées W^σ de W
sur k correspondent biunivoquement aux conjuguées de T sur $k(P)$,
que nous noterons donc T^σ. D'autre part les ordres d'inséparabilité
$[k(P, Q) : k(P)]_i$ et $[k(P, Q) : k]_i$ de T et de W sur $k(P)$ et k sont
égaux: il suffit en effet, pour le voir, d'étendre une base de transcendance
séparante (u) de $k(P)$ sur k en une base de transcendance (u, v) de $k(P, Q)$
sur k, — de remarquer que, comme $k(P, v)$ est algébrique séparable sur
$k(u, v)$, les facteurs inséparables $[k(P, Q) : k(P, v)]_i$ et $[k(P, Q) : k(u, v)]_i$
sont égaux, — et d'appliquer la définition de l'ordre d'inséparabilité
(Chap. I, § 9, n° 1,a)). Si p^f désigne cet ordre d'inséparabilité, on a
$P \times Z = p^f \sum\limits_\sigma T^\sigma$ et $X = p^f \sum\limits_\sigma W^\sigma$. Pour démontrer (2), c'est-à-dire
que $P \times Z = (P \times V) \cdot X$, il suffira, par linéarité et conjugaison,
de voir que $T = (P \times V) \cdot W$; or ceci est une conséquence immédiate
du critère d'irréductibilité (Chap. I, § 10, n° 2,b)) et du critère de
multiplicité 1 (§ 5, n° 3,c)). Le cycle X ainsi obtenu s'appelle le *lieu*
de Z sur k. Il est déterminé *de façon unique* par (2) et par la condition
d'être rationnel sur k.

9 — Calcul des correspondances.

a) — Nous aurons besoin des formules suivantes, concernant des
produits triples. Soit Z un cycle du produit $A \times B \times C$; on a

$$\mathrm{pr}_A(\mathrm{pr}_{A \times B}(Z)) = \mathrm{pr}_A(Z) \,. \tag{1}$$

Si Z est un cycle du produit $A \times C$, on a

$$\mathrm{pr}_{A \times B}(Z \times B) = \mathrm{pr}_A(Z) \times B \,. \tag{2}$$

Les démonstrations se font par linéarité, et ne présentent aucune
difficulté.

b) — Soient U^u et V^v deux variétés, et X^x un cycle de $U \times V$,
c'est-à-dire une *correspondance entre U et V* (Chap. I, § 10, n° 1,a).
Pour tout cycle U' de U on pose

$$X(U') = \mathrm{pr}_V(X \cdot (U' \times V) \tag{3}$$

et pour tout cycle V' de V on pose

$$X^{-1}(V') = \mathrm{pr}_U(X \cdot (U \times V')) \,, \tag{4}$$

lorsque les seconds membres sont définis. Pour que $X(U')$ ne soit
pas nul, il faut (d'après la définition de la projection algébrique) que la
dimension de $X \cdot (U' \times V)$ soit au plus égale à celle de la projection

sur V du support de X; si l'on suppose que $\mathrm{pr}_V(\mathrm{Supp}(X)) = V$, cette condition s'écrit, en tenant compte du fait que $X \cdot (U' \times V)$ est défini,

$$\dim(U') \leqq u + v - x \; ; \tag{5}$$

alors on a

$$\dim(X(U')) = \dim(X \cdot (U' \times V)) = \dim(U') + x - u \; . \tag{6}$$

La condition (5) est vérifiée pour tout cycle U' de U lorsque $x = v$, c'est-à-dire lorsque $\dim(X) = \dim(V)$; c'est le cas lorsque X est le graphe d'une application rationnelle de V sur U (cf. e)). On remarquera que, lorsque les deux membres sont définis, l'on a

$$X(U' + U'') = X(U') + X(U'') \; . \tag{7}$$

Enfin, si P est un point de U, on a

$$P \times X(P) = X \cdot (P \times V) \; . \tag{8}$$

c) – Soient X^x un cycle de $U \times V$, et Y^y un cycle de $V \times W$; notons u, v, w les dimensions de U, V, W. S'il est défini le cycle

$$Y \circ X = \mathrm{pr}_{U \times W}((X \times W) \cdot (U \times Y)) \tag{9}$$

est appelé la *correspondance composée* des correspondances X et Y; c'est un cycle de dimension $x + y - v$. La formule (5) de b) montre que, si U' est un cycle de U, une condition néccessaire pour que $(Y \circ X)(U')$ soit $\neq 0$ est que l'on ait

$$\dim(U') \leqq u + v + w - (x + y) \tag{10}$$

(en supposant X, Y, et donc $Y \circ X$, «non dégénérés»). S'il en est ainsi la relation (5) est vérifiée, puisque $y \geqq w$; et la relation (5) appliquée à $X(U')$ et à la correspondance Y équivaut à (10). Ceci étant nous allons démontrer que la formule

$$(Y \circ X)(U') = Y(X(U')) \tag{11}$$

est valable moyennant l'hypothèse supplémentaire que le cycle

$$Z = (X \times W) \cdot (U \times Y) \cdot (U' \times V \times W) \tag{12}$$

est défini (cette hypothèse se réduit à une question de dimensions si U, V et W sont sans singularités). En effet formons $\mathrm{pr}_{U \times W}(Z)$; d'après la formule de projection ce cycle est égal à $(U' \times W) \cdot \mathrm{pr}_{U \times W}((X \times W) \cdot (U \times Y)) = (Y \circ X) \cdot (U' \times W)$; or, par définition, on a $(Y \circ X)(U') = \mathrm{pr}_W((Y \circ X) \cdot (U' \times W)) = \mathrm{pr}_W(\mathrm{pr}_{U \times W}(Z))$ (d'après ce qui a été vu) $= \mathrm{pr}_W(Z)$ (d'après (1), a)). D'autre part, d'après l'associativité et la formule des variétés produits, le cycle Z s'écrit $Z = (U \times Y) \cdot (X \cdot (U' \times V) \times W)$; d'après la formule de projection $\mathrm{pr}_{V \times W}(Z)$ vaut alors $Y \cdot \mathrm{pr}_{V \times W}(X \cdot (U' \times V) \times W)$, c'est-à-dire $Y \cdot (\mathrm{pr}_V(X \cdot (U' \times V)) \times W)$ d'après (2), ou encore $Y \cdot (X(U') \times W)$; on a donc $\mathrm{pr}_W(Z) = \mathrm{pr}_W(\mathrm{pr}_{V \times W}(Z))$ (d'après (1)) $= \mathrm{pr}_W(Y \cdot (X(U') \times W))$

(d'après ce qui vient d'être vu) $= Y(X(U'))$ (par définition). Ainsi les deux membres de (11) sont égaux à $\mathrm{pr}_W(Z)$.

d) — Avec les notations de c), l'on voit aussitôt, par simple renversement de l'ordre des facteurs du produit $U \times V \times W$, que l'on a

$$\overbrace{Y \circ X}^{-1} = X^{-1} \circ Y^{-1} . \tag{13}$$

e) — Nous considérerons maintenant une *application rationnelle F de U sur V*, et nous noterons encore F son graphe dans $U \times V$ (c'est-à-dire le lieu du point $(P, F(P))$, P désignant un point générique de U). Si Y est un cycle sur V, et si $F^{-1}(Y)$ est défini, un petit calcul de dimensions montre que l'on a

$$\dim(V) - \dim(Y) = \dim(U) - \dim(F^{-1}(Y)) . \tag{14}$$

En particulier, si Y est un *diviseur* sur V, $F^{-1}(Y)$ est un diviseur sur U.

f) — Supposons maintenant que l'application F de U sur V soit *partout régulière*, c'est-à-dire que pr_U établisse une correspondance birationnelle et partout birégulière entre F et U. Alors, si Y et Z sont des cycles sur V tels que $F^{-1}(Y), F^{-1}(Z), Y \cdot Z$ et $F^{-1}(Y \cdot Z)$ soient définis, alors $F^{-1}(Y) \cdot F^{-1}(Z)$ est défini, et l'on a

$$F^{-1}(Y \cdot Z) = F^{-1}(Y) \cdot F^{-1}(Z) . \tag{15}$$

En effet, on a $F^{-1}(Y \cdot Z) = \mathrm{pr}_U(F \cdot (U \times (Y \cdot Z))) = \mathrm{pr}_U(F \cdot (U \times Y) \cdot (U \times Z))$ (d'après la formule des variétés produits et l'associativité); ce cycle vaut $\mathrm{pr}_U(F \cdot (U \times Y)) \cdot \mathrm{pr}_U(F \cdot (U \times Z))$ d'après l'invariance birégulière des produits d'intersection, c'est-à-dire $F^{-1}(Y) \cdot F^{-1}(Z)$. Des contre-exemples fort simples montrent que (15) ne s'étend pas au cas où F n'est pas partout régulière. Il n'y a naturellement aucun rapport entre $F(Y \cdot Z)$ et $F(Y) \cdot F(Z)$, comme le montre déjà la Théorie des Ensembles.

g) — Soient F une application rationnelle de U sur V, et G une application rationnelle de V sur W. Pour pouvoir appliquer commodément à F et G les résultats de c) et d) (notamment les formules (11) et (13)), il nous faut comparer *l'application rationnelle H de U sur W composée de U et V* (c'est-à-dire l'application rationnelle définie par $H(P) = G(F(P))$, P désignant un point générique de U; cf. Chap. I, § 10, n° 3,c)), et le *cycle $G \circ F$* défini en (9),c), c'est-à-dire $G \circ F = \mathrm{pr}_{U \times W}((F \times W) \cdot (U \times G))$. Considérons l'ensemble algébrique $C = \mathrm{pr}_{U \times W}((F \times W) \cap (U \times G))$ (défini au sens ensembliste). Un raisonnement de Théorie des Ensembles (analogue à celui fait en c)) montre que l'on a $C(U') = G(F(U'))$ au sens ensembliste pour toute sous-variété U' de U; donc, pour presque tout point P de U, $C(P)$ est un point, à savoir $G(F(P))$; par conséquent H est une *composante* de C; et les autres composantes de C sont contenues dans des variétés de la forme $U' \times W$, U' désignant une sous-variété propre de U. D'après le critère d'irréductibilité démontré au Chap. I, § 10, n° 2,c) l'on peut affirmer que

$C = H$, et donc que $G \circ F = H$ au sens des cycles, lorsque $G(F(P))$ se réduit à un point pour tout point P de U, en particulier *lorsque F et G sont partout régulières*. Par contre les exemples simples (utilisant la projection stéréographique d'une quadrique sur un plan) montrent qu'il ne suffit pas qu'*une seule* des deux applications F, G soit partout régulière pour qu'on puisse conclure que $G \circ F = H$.

h) — Soient F une application rationnelle de U^u sur V^v, et M^m une sous-variété de V; si le cycle $F \cdot (U \times M)$ est défini, il est de dimension $m + u - v$, et il a M pour projection sur V au sens ensembliste. Donc pour que le cycle $F(F^{-1}(M))$ soit $\neq 0$, il faudra que $u = v$. Nous allons donc supposer que les dimensions de U et de V sont *égales*, c'est-à-dire que F a un indice de projection fini d sur V. Alors, si $F^{-1}(M)$ est défini et si F est régulière en tout point P de U qui soit point générique d'une composante de $(U \times M) \cdot F$, on a

$$F(F^{-1}(M)) = dM \ . \tag{16}$$

En effet l'hypothèse de régularité entraîne que $F(F^{-1}(M)) = \mathrm{pr}_V(F \cdot (U \times M))$ et ce cycle vaut $\mathrm{pr}_V(F) \cdot M$ d'après la formule de projection, c'est-à-dire $dV \cdot M$, ou encore dM. L'hypothèse de régularité est vérifiée lorsque M est un *diviseur*, et que U, V *et* F sont des variétés *normales*.

Il n'y a aucun rapport entre une sous-variété W de U et le cycle $F^{-1}(F(W))$, comme le montre déjà la Théorie des Ensembles.

i) — On remarquera que, si f est une fonction non constante sur V, c'est-à-dire une application rationnelle de V sur la droite projective P_1, *le diviseur* (f) *de* f n'est autre que le diviseur $f^{-1}((0) - (\infty))$ (n° 3,c), formule (3)). Si de plus F est une application rationnelle de U dans V, et si F est partout régulière, $f \circ F$ est une fonction sur U, et on a

$$(f \circ F) = F^{-1}((f)) \ . \tag{17}$$

En effet, en remplaçant U par le graphe de F qui lui est birégulièrement équivalent, on se ramène au cas où F est une projection sur le premier facteur d'un produit; et (17) est évidente dans ce cas.

Rappel algébrique.

Dans ce Rappel nous exposons succinctement les définitions et résultats de nature algébrique utilisés dans notre livre. Il va sans dire que nous nous adressons à des lecteurs déjà familiers avec les éléments de l'Algèbre: par exemple nous ne rappellerons que peu de choses de ce qui se trouve dans le texte des Eléments de N. BOURBAKI.

Pour les démonstrations nous renvoyons le lecteur, soit aux mémoires originaux (qui seront cités en leur lieu), soit, de préférence, aux traités suivants:

(A) ARTIN, E.: Algebraic numbers and algebraic functions. Cours polycopié. New York University 1951.

(B) BOURBAKI, N.: Algèbre. Chapitres I, II, III, IV, V, VI et VII. Act. Sci. et Ind., n° 934, 1032, 1044, 1102, 1179. Paris: Hermann.

(K) KRULL, W.: Idealtheorie. Erg. Math. IV, t. 3. Berlin 1935.

(N) NORTHCOTT, D. G.: Ideal theory. Cambridge: University Press 1953.

(SC) SAMUEL, P.: Commutative algebra. Cours polycopié. Cornell University 1952—53.

(SL) SAMUEL, P.: Algèbre locale. Mem. Sci. Math., n° 123. Paris: Gauthier-Villars 1953.

(VW) VAN DER WAERDEN, B. L.: Moderne Algebra.

(WF) WEIL, A.: Foundations of Algebraic Geometry. Amer. Math. Soc. Coll. Publ., n° 29. New York 1946.

Les divisions de ce Rappel algébrique suivent celles du texte.

Chapitre I.

§ 1, n° 1, R.a.).

Un anneau commutatif A est dit *noethérien* s'il satisfait aux conditions équivalentes suivantes:

(a) Toute famille non vide d'idéaux de A, ordonnée par inclusion, admet un élément maximal.

(b) Toute suite strictement croissante d'idéaux de A est finie.

(c) Tout idéal de A admet un système fini de générateurs.

Si A est un anneau noethérien, l'anneau de polynômes $A[X_1, \ldots, X_n]$ est noethérien; en particulier (théorème de la base finie ue HILBERT), si k est un corps, l'anneau $k[X_1, \ldots, X_n]$ est noethérien. Cf. (N), chap. I, — ou (SC), chap. IV, § 1, — ou (VW), chap. XII.

§ 1, n° 2, R.a.).
Voir § 1, n° 1, R. a.).

§ 1, n° 4, R. a.).

Etant donné un idéal $\mathfrak{a}$ d'un anneau commutatif A, l'ensemble des éléments x de A pour lesquels il existe un exposant n tel que $x^n \in \mathfrak{a}$ est un idéal de A. On l'appelle de *radical* de $\mathfrak{a}$, et on le note $R(\mathfrak{a})$. Cf. (B), chap. I, § 8, exerc. 13.

§ 1, n° 4, R. b.).

Le radical de l'idéal $\mathfrak{a}$ est l'intersection des idéaux premiers contenant $\mathfrak{a}$. Cf. (B), chap. I, § 8, exerc. 13.

§ 1, n° 4, R. c.).

Etant donnés un corps k, une extension k' de k et une extension algébriquement close K de k dont le degré de transcendance est au moins égal à celui de k', il existe un k-isomorphisme de k' dans K. Cf. (B), Chap. V, § 6, prop. 2.

§ 1, n° 4, R. d.).

Etant donnés un anneau d'intégrité B et une famille (x_i) d'éléments d'une algèbre commutative A sur B, on appelle *spécialisation* de (x_i) sur B toute famille (x_i') d'éléments d'une algèbre *d'intégrité* A' sur B telle que, pour tout polynôme $F(X_i) \in B[(X_i)]$ tel que $F(x_i) = 0$, on ait $F(x_i') = 0$. Si (x_i) est la famille de tous les éléments de A, une spécialisation (x_i') de (x_i) sur B est, essentiellement, la même chose qu'un *homomorphisme* de l'algèbre A dans l'algèbre A'. Lorsque A est un corps, et (x_i) une famille d'éléments de A, on dit qu'une famille (x_i') d'éléments d'un corps projectif A'_∞ (c.-à-d. un corps A' auquel on a adjoint un élément noté ∞) est une spécialisation (généralisée) de (x_i), si, en posant $y_i = x_i$ et $y_i' = x_i'$ lorsque $x_i' \neq \infty$, et $y_i = 1/x_i$ et $y_i' = 0$ lorsque $x_i' = \infty$, la famille (y_i') est spécialisation de (y_i). Le *théorème d'extension des spécialisations* dit que, étant données une famille (x_i) d'éléments d'un corps K et une spécialisation (généralisée) (x_λ') d'une sous-famille (x_λ) de (x_i), il existe une spécialisation (généralisée) de (x_i) étendant (x_λ'); cf. (WF), Chap. II, th. 6. Un énoncé équivalent est que, étant donnés un corps K, un sous-anneau A de K et un homomorphisme f de A dans un corps algébriquement clos K', il existe un sous-anneau V de K contenant A et un homomorphisme g de V dans K' prolongeant f tels que, pour tout x de $K - V$, on ait $1/x \in V$ et $g(1/x) = 0$; un tel homomorphisme g est appelé une *place* de K; on pose $g(x) = \infty$ pour $x \in K - V$; cf. (SC), Chap. I, § 1. La donnée d'une place g d'un corps K équivaut à celle d'une valuation v de K, c'est-à-dire d'une application de K^* dans un groupe totalement ordonné telle que $v(xy) = v(x) + v(y)$, $v(x+y) \geq \mathrm{Min}(v(x), v(y))$; les éléments tels que $g(x) \neq \infty$ sont ceux tels que $v(x) \geq 0$; cf. (SC), Chap. I, § 2. La théorie des spécialisations fournit les caractérisations suivantes des éléments x d'un corps K qui sont *entiers* sur un sous anneau A de K (cf. § 3, n° 4, R. a.):

(a) Pour toute spécialisation f finie sur A, et toute extension g de f, on a $g(x) \neq \infty$.

(b) Pour toute place p de K telle que $p(y) \neq \infty$ pour tout y de A, on a $p(x) \neq \infty$.

(c) Pour toute valuation v de K telle que $v(y) \geq 0$ pour tout y de A, on a $v(x) \geq 0$.

Cf. (SC), Chap. II, § 1, n° 2.

§ 1, n° 4, R. e.).

Pour une démonstration géométrique du lemme de normalisation voir § 3, n° 4. Une démonstration algébrique, supposant k infini, se trouve, par exemple, dans (SC), Chap. II, § 2, n° 2. Pour une démonstration valable pour k fini voir (SL), Chap. III, n° 2, p. 38.

§ 1, n° 5, R. a.).

Un anneau d'intégrité A contenant un corps k et algébrique sur K est un corps. Cf. (B), Chap. V, § 3, prop. 3.

§ 1, n° 6, R. a.).

On appelle *factoriel* un anneau d'intégrité A où chaque élément $\neq 0$ est, et de façon unique, produit d'éléments irréductibles; il revient au même de dire que tout élément $\neq 0$ de A est produit d'éléments irréductibles, et que tout élément irréductible engendre un idéal premier. Si A est un anneau factoriel, $A[X]$ l'est aussi; donc $k[X_1, \ldots, X_n]$ est factoriel. Cf. (VW), Chap. IV, § 23, − ou (SC), Chap. III, § 3.

§ 2, n° 3, R. a.).

Le radical d'un idéal homogène est un idéal homogène. Démonstration facile. Cf. (SC), Chap. IV, § 2, n° 2, th. 3.

§ 2, n° 4, R. a.).
Voir § 1, n° 4, R. d.

§ 2, n° 4, R. b.).

L'extension d'une spécialisation f en une place g à valeurs dans un corps K (contenant l'image de f) est toujours possible si K est algébriquement clos. Cf. (SC), Chap. I, § 1, n° 4, th. 8.

§ 2, n° 4, R. c.).
Voir § 1, n° 4, R. d.).

§ 3, n° 1, R. a.).
Voir § 1, n° 4, R. d.).

§ 3, n° 4, R. a.).

On dit qu'un élément x d'un anneau B contenant un anneau A est *entier* sur A s'il satisfait aux conditions équivalentes suivantes:

(a) Il existe $a_{n-1}, \ldots, a_0$ dans A tels que x vérifie une équation de la forme $x^n + a_{n-1} x^{n-1} + \cdots + a_0 = 0$ (appelée équation de dépendance intégrale de x sur A).

(b) L'anneau $A[x]$ est un A-module de type fini.

(c) L'anneau $A[x]$ est contenu dans un anneau R qui est un A-module de type fini.

Un anneau B contenant A est dit entier sur A si tous ses éléments sont entiers sur A. Cf. (SC), Chap. II, § 1, − ou (VW), Chap. XIV.

§ 3, n° 4, R. b.)

Rappelons les caractérisations suivantes des éléments x d'un corps K qui sont entiers sur un sous-anneau A de K (cf. § 1, n° 4, R. d., et (SC), Chap. II, § 1):

(a) Toute spécialisation finie sur A est finie en x.

(b) Toute place de K qui est finie sur A est finie en x.

(c) Toute valuation de K qui est positive sur A est positive en x.

§ 4, n° 1, R. a.).

Si K est un corps, et L et L' des extensions séparables de K, le produit tensoriel $L \otimes L'$ n'a pas d'éléments nilpotents. Si L est une extension algébrique finie de K, $L \otimes L'$ est une algèbre semi-simple de dimension finie sur L', c'est-à-dire un composé direct de surcorps de L'. Cf. CHEVALLEY: Algebraic functions of one variable. Chap. IV, § 4. Math. Surveys. New York 1947.

§ 4, n° 1, R. b.).

Ceci résulte de la correspondance entre k-variétés et idéaux vue au § 1. Dans un anneau noethérien A (comme $k[X, X']$) les idéaux premiers minimaux d'un idéal sont en nombre fini; cf. (SC), Chap. IV, § 2, — ou (VW), Chap. XII, — ou (N), Chap. I. Et la réunion (resp. l'intersection) des idéaux premiers (resp. des idéaux premiers minimaux) de (0) dans A est l'ensemble des diviseurs de zéro (resp. des éléments nilpotents) de A; cf. (SC) ou (N), ibid. Ces résultats appartiennent à la théorie de la décomposition en idéaux primaires.

§ 5, n° 1, R. a.) et R. b.).
Voir § 4, n° 1, R. b.).

§ 5, n° 1, R. c.).

On dit qu'un anneau d'intégrité A est *intégralement clos* si tout élément x du corps des fractions K de A qui est entier sur A appartient à A; il revient au même de dire que A est une intersection d'anneaux de valuation; cf. (SC), Chap. II, § 3, — ou (K), § 37. Si A est intégralement clos, et si y est un élément d'un surcorps de K qui est entier sur A, le polynôme minimal (unitaire) de y sur K a ses coefficients dans A, et est donc une équation de dépendance intégrale de y sur A; cf. (SC), Chap. II, § 3, th. 3.

§ 6, R. a.).

Tout anneau de fractions d'un anneau intégralement clos est intégralement clos; cf. (SC), Chap. II, § 3, th. 2.

§ 6, R. b.).

Si A est un anneau d'intégrité, et si l'anneau de polynômes $A[X]$ est intégralement clos, alors A est intégralement clos. En effet, si l'on note K le corps des fractions de A, on a $A = A[X] \cap K$, et il est clair que toute intersection d'anneaux intégralement clos est un anneau intégralement clos.

§ 6, R. c.).

Démonstration dans (SC), Chap. II, § 3, n° 4. Rappelons qu'on appelle fermeture intégrale d'un anneau A dans un anneau B contenant A l'ensemble des éléments de B qui sont entiers sur A; la clôture intégrale de A est la fermeture intégrale de A dans son anneau (total) de fractions (corps des fractions si A est un anneau d'intégrité).

§ 6, R. d.).

Si A est un anneau d'intégrité integralement clos, alors l'anneau de polynômes $A[X]$ est intégralement clos; cf. (SC), Chap. III, § 5, th. 1. En particulier, si K est un corps, $K[X]$ est intégralement clos; ceci resulte aussi du fait que tout anneau principal est intégralement clos ((SC), chap. II, § 3, n° 1).

§ 6, R. e.).

Si A est un anneau noethérien, et si x est un élément d'un anneau contenant A tel que $A[x]$ soit contenu dans un A-module de type fini, alors x est entier sur A (voir § 3, n° 4, R. a.)); cf. (VW), Chap. XIV, — ou (SC), Chap. II, § 1, n° 1, p. 50; ceci résulte de ce que $A[x]$ est lui même un A-module de type fini.

§ 6, R. f.).

Soient A un anneau d'intégrité, A' sa clôture intégrale. Il arrive souvent (par exemple lorsque $A = k[x]$) que A' soit un A-module de type fini, ce qui implique l'existence d'un dénominateur commun $d \in A$ pour les éléments de A'. L'ensemble de ces dénominateurs communs (c.-à-d. des elements d de A tels que $dA' \subset A$) est un idéal $\mathfrak{f}$ de A, qu'on appelle le *conducteur* de A' dans A; c'est aussi un idéal de A'; plus précisément c'est le plus grand idéal de A qui soit aussi un idéal de A'; cf. (SC), Chap. II, § 3, n° 5.

§ 6, R. g.).
Voir § 4, n° 3, R. b.).

§ 7, n° 1, R. a.).
Voir § 4, n° 1, R. a.).

§ 7, n° 1, R. b.).
Pour la transitivité de la disjonction linéaire, voir (B), Chap. V, § 2, n° 3, prop. 7.

§ 7, n° 1, R. c.).
Si K est algébriquement fermé dans L, alors $K(X)$ est algébriquement fermé dans $L(X)$; cf. (B), Chap. V, § 6, exerc. 8.

§ 7, n° 2, R. a.).
Voir § 4, n° 1, R. a.).

§ 7, n° 3, R. a.).
Cf. (B), Chap. V, § 6, cor. de la prop. 1.

§ 7, n° 4, R. a.).
Voir § 6, R. d.).

§ 7, n° 4, R. b.).
Voir § 6, R. a.).

§ 7, n° 4, R. c.).

Si un élément x est entier sur un anneau B, et si B est entier sur un sous-anneau A, alors x est entier sur A; cf. (SC), Chap. II, § 2, th. 2.

§ 9, n° 1, R. a.).

Pour les résultats algébriques sur l'ordre d'inséparabilité, nous renvoyons à (WF), Chap. I, § 8.

§ 9, n° 2, R. a.).

Etant donné un idéal premier $\mathfrak{p}$ d'un anneau noethérien A, on appelle *puissance symbolique n-ème* de $\mathfrak{p}$, et l'on note $\mathfrak{p}^{(n)}$, l'unique composante primaire isolée de $\mathfrak{p}^n$ (elle est relative à $\mathfrak{p}$); plus généralement l'on peut définir $\mathfrak{p}^{(n)}$ comme étant la trace sur A de $\mathfrak{p}^n A_{\mathfrak{p}}$, c.-à-d. l'ensemble des éléments x de A pour lesquels il existe $s \notin \mathfrak{p}$ tel que $s x \in \mathfrak{p}^n$; cf. (SC), Chap. IV, § 3, p. 133, — ou (K), § 9, — ou (N), Chap. III.

§ 9, n° 2, R. b.).

Si $\mathfrak{p}$ est un idéal premier minimal d'un anneau normal A (en particulier d'un anneau d'intégrité noethérien et intégralement clos), les seuls idéaux primaires pour $\mathfrak{p}$ sont ses puissances symboliques; cf. (SC), Chap. IV, § 4. Pour la correspondance mentionnée dans le texte, voir (SC), Chap. III, § 2.

Chapitre II.

§ 1, n° 1, R. a.).

On appelle *anneau local* un anneau (commutatif) A dont les éléments non inversibles forment un idéal $\mathfrak{m}$; cet idéal $\mathfrak{m}$ est maximal, et est le plus grand idéal de A (distinct de A). Certains auteurs réservent le nom d'anneau local aux anneaux locaux noethériens, ce qui n'est pas gênant pour nous.

§ 1, n° 1, R. b.).

Bien que cette permutabilité puisse s'énoncer dans un cas encore plus général, contentons nous du cas suivant: on a un anneau A et deux idéaux $\mathfrak{a}$ et $\mathfrak{p}$ de A tels que $\mathfrak{p}$ soit premier et que $\mathfrak{a} \subset \mathfrak{p}$; alors $A_{\mathfrak{p}}/\mathfrak{a} A_{\mathfrak{p}}$ est canoniquement isomorphe à $(A/\mathfrak{a})_{(\mathfrak{p}/\mathfrak{a})}$. Il va presque sans dire que les anneaux de fractions considérés ici sont pris au sens d'Uzkov; cf. (SL), Chap. I, n° 4.

§ 1, n° 2, R. a.).

Soient A un anneau local, $\mathfrak{m}$ son idéal maximal. Parmi les systèmes finis d'éléments de A qui engendrent des idéaux primaires pour $\mathfrak{m}$, prenons en un ayant le moins grand nombre d'éléments possible. Un tel système est appelé un *système de paramètres* de A, et son nombre d'éléments s'appelle la *dimension* de A. La dimension de A est aussi la plus grande longueur (diminuée de 1) des chaînes d'idéaux premiers de A. Cf. (SL), Chap. II, n° 4, — ou (N), chap. IV.

§ 1, n° 4, R. a.).

Etant donné un anneau local A, prenons les puissances $\mathfrak{m}^n$ de son idéal maximal $\mathfrak{m}$ comme système fondamental de voisinages de 0; ceci définit sur A une *topologie*, compatible avec sa structure d'anneau. Le complété de A pour cette topologie est un anneau local, dont l'idéal maximal est engendré par $\mathfrak{m}$, et dont la dimension est égale à celle de A. Cf. (SL), Chap. I, n° 1 et Chap. II, n° 4, a), — ou (N), Chap. V, — ou (SC), Chap. V, § 2, n° 4.

§ 1, n° 4, R. b.).

Pour la construction du produit tensoriel complété, voir (SL), Chap. VI, n° 1.

§ 1, n° 4, R. c.).

Etant donné un anneau local A d'idéal maximal $\mathfrak{m}$, on définit sur la somme directe $\sum_{n=0}^{\infty} \mathfrak{m}^n/\mathfrak{m}^{n+1}$ une structure d'anneau; l'anneau ainsi obtenu est appelé *l'anneau gradué associé* à A (et $\mathfrak{m}$). Cf. (SL), Chap. II, n° 1, — ou (SC), Chap. V, § 1, n° 2.

§ 2, n° 1, R. a.).

Voir Chap. I, § 5, n° 1, R. c.).

§ 2, n° 1, R. b.).

Voir Chap. I, § 6, R. a.).

§ 2, n° 1, R. c.).

Si un anneau d'intégrité A est tel que $A_{\mathfrak{m}}$ est intégralement clos pour tout idéal maximal $\mathfrak{m}$ de A, alors A est intégralement clos; cf. (SL), Chap. VI, n° 3.

§ 2, n° 1, R. d.).

Voir Chap. I, § 6, R. f.).

§ 2, n° 2, R. a.).

Etant donnés un anneau A, un anneau A' entier sur A, et deux idéaux premiers $\mathfrak{p}'$, $\mathfrak{q}'$ de A' tels que $\mathfrak{p}' \subset \mathfrak{q}'$ et $\mathfrak{p}' \neq \mathfrak{q}'$, on a $A \cap \mathfrak{p}' \neq A \cap \mathfrak{q}'$. Cf. (SC), Chap. II, § 2, th. 6.

§ 2, n° 2, R. b.).

Etant donnés un anneau A, deux idéaux premiers $\mathfrak{p}$ et $\mathfrak{q}$ de A tels que $\mathfrak{p} \subset \mathfrak{q}$, un anneau A' entier sur A, et un idéal premier $\mathfrak{p}'$ de A' tel que $A \cap \mathfrak{p}' = \mathfrak{p}$, — il existe un idéal premier $\mathfrak{q}'$ de A' tel que $\mathfrak{q}' \supset \mathfrak{p}'$ et que $A \cap \mathfrak{q}' = \mathfrak{q}$; ceci est le «going up theorem» de Cohen-Seidenberg. Cf. (SC), Chap. II, § 2, cor. to th. 5.

§ 2, n° 2, R. c.).

Ceci est une conséquence du «going up theorem» et du résultat cité plus haut, au § 2, n° 2, R. a.).

§ 2, n° 2, R. d.).

Pour la structure du complété d'un anneau semi local, voir (SL), Chap. I, n° 5, − ou (SC), Chap. V, § 3, n° 3.

§ 2, n° 3, R. a.).

Cf. (SL), Chap. IV, § 4.

§ 2, n° 3, R. b.).

Ceci est un anneau de fractions au sens d'Ukzov; cf. (SL), Chap. I, n° 4.

§ 2, n° 3, R. c.).

Si un élément x d'un anneau local $\mathfrak{o}$ n'est pas un diviseur de zéro dans $\mathfrak{o}$, ce n'est pas non plus un diviseur de zéro dans le complété $\hat{\mathfrak{o}}$ de $\mathfrak{o}$; cf. (SL), Chap. I, n° 3, cor. 1 de la prop. 1, − ou (SC), Chap. V, § 2, cor. 2 du th. 6, − ou (N), Chap. V.

§ 2, n° 3, R. d.).

Soient A un anneau local noethérien, $\mathfrak{m}$ son idéal maximal, et $\mathfrak{a}$ un idéal de A; on a alors $\bigcap\limits_{n=0}^{\infty} (\mathfrak{a} + \mathfrak{m}^n) = \mathfrak{a}$ (th. de Krull); en d'autres termes tout idéal $\mathfrak{a}$ de A est *fermé* pour la topologie définie au § 1, n° 4, R. a.). En particulier $\bigcap\limits_{n=0}^{\infty} \mathfrak{m}^n = (0)$, et A est séparé. Cf. (SL), Chap. I, n° 1, − ou (SC), Chap. V, § 2, n° 6, − ou (N), Chap. V.

§ 2, n° 3, R. e.).

Un «noyau» est un anneau local d'un type particulier; cf. (SL), Chap. III, n° 2.

§ 2, n° 3, R. f.).

Cf. (SL), Chap. V, n° 1, prop. 1.

§ 2, n° 4, R. a.).

Voir les caractérisations des éléments entiers données au Chap. I, § 3, n° 4, R. b.).

§ 3, R. a.).

Soit A un anneau local noethérien d'idéal maximal $\mathfrak{m}$; si un idéal $\mathfrak{a}$ de A est tel que $\mathfrak{m} = \mathfrak{a} + \mathfrak{m}^2$, alors $\mathfrak{m} = \mathfrak{a}$. En effet, par un raisonnement classique, on a $\mathfrak{m} = \mathfrak{a} + \mathfrak{m}^2 = \mathfrak{a} + \mathfrak{m}(\mathfrak{a} + \mathfrak{m}^2) = \mathfrak{a} + \mathfrak{m}^3 = \cdots = \mathfrak{a} + \mathfrak{m}^n$; d'où $\mathfrak{a} = \mathfrak{m}$ puisque $\bigcap\limits_{n=0}^{\infty} (\mathfrak{a} + \mathfrak{m}^n) = \mathfrak{a}$; voir § 2, n° 3, R. d.).

§ 3, R. b.).

Un anneau local A dont l'anneau gradué associé (voir § 1, n° 4, R. c.)) est un anneau d'intégrité est lui même un anneau d'intégrité; cf. (SL), Chap. II, n° 1,c, − ou (SC), Chap. V, § 1, n° 3, th. 1.

§ 3, R. c.).

Un anneau local noethérien dont l'anneau gradué associé est intégralement clos est lui même intégralement clos; cf. (SL), Chap. II, n° 1,e, – ou (SC), Chap. V, § 1, n° 6, th. 3.

§ 3, R. d.).

Si B est un anneau local, et A un sous-anneau local et noethérien de B tel que B soit un A-module de type fini, alors la topologie d'anneau local de A est induite par celle de B; cf. (SC), § 2, n° 1, p. 149.

§ 3, R. e.).

En effet si un élément z du complété $\hat{\mathfrak{o}}$ de l'anneau local $\mathfrak{o}$ peut s'écrire sous la forme a/b $(a, b \in \mathfrak{o})$, on a $a \in \hat{\mathfrak{o}} \, b \cap \mathfrak{o} = \mathfrak{o} b$ (cf. (SL), Chap. I, n° 1,f, – ou (SC), Chap. V, § 2, n° 6, th. 5, – ou (N). Chap. V); d'où $a = z' b$ avec $z' \in \mathfrak{o}$, $(z - z')b = 0$, et $z - z' = 0$ puisque b n'est pas diviseur de zéro dans $\mathfrak{o}$ (voir § 2, n° 3, R. c.)).

§ 4, n° 1, R. a.).

On dit qu'un anneau local de dimension d est *régulier* si son idéal maximal $\mathfrak{m}$ peut être engendré par d éléments (voir § 1, n° 2, R. a.)). Il revient au même de dire que $\mathfrak{m}$ peut être engendré par d éléments modulo $\mathfrak{m}^2$, ou que $\mathfrak{m}/\mathfrak{m}^2$ est un espace vectoriel de dimension d sur $\mathfrak{o}/\mathfrak{m}$, en vertu de ce qui a été vu au § 3, R. a.).

§ 4, n° 1, R. b.).

Cf. (SL), Chap. II, n° 5,c, – ou (SL), Chap. V, § 1, n° 6, ex. 2, p. 147, – ou (N), Chap. IV.

§ 4, n° 1, R. c.).

Cf. (SC), Chap. IV, § 4, lemma 2, – ou (N), Chap. IV.

§ 4, n° 1, R. d.).

Cf. (SL), Chap. V, n° 3, cor. au th. 2.

§ 4, n° 1, R. e.).

Cf. (SL), Chap. IV, n° 4, prop. 1.

§ 4, n° 2, R. a.).

On appelle exposant caractéristique d'un corps k de caractéristique q l'entier q si $q \neq 0$, et l'entier 1 si $q = 0$; cf. (B), Chap. V, § 1.

§ 4, n° 2, R. b.).

Les p-bases sont définies dans (B), Chap. V, § 8, exerc. 1.

§ 4, n° 3, R. a.).

Etant donné un anneau local régulier A de dimension d, on appelle système régulier de paramètres de A tout système de d éléments de A engendrant l'idéal maximal $\mathfrak{m}$ de A (voir § 4, n° 1, R. a.)).

§ 4, n° 3, R. b.).

Cf. (SL), Chap. II, n° 5,b, – ou (N), Chap. V.

§ 4, n° 3, R. c.).
Cf. (B), Chap. V, § 9, th. 1, – ou (WF), Chap. I, th. 1.

§ 5, n° 1, R. a.).
Etant donnés un anneau local noethérien $\mathfrak{o}$ et un idéal $\mathfrak{X}$ primaire pour l'idéal maximal $\mathfrak{m}$ de $\mathfrak{o}$, la longueur de l'anneau $\mathfrak{o}/\mathfrak{X}^n$ est finie et est un polynôme en n pour n assez grand; le terme de plus haut degré de ce polynôme est de la forme $e(\mathfrak{X})\,n^d/d!$, où d est la dimension de $\mathfrak{o}$, et où $e(\mathfrak{X})$ est un entier; on appelle $e(\mathfrak{X})$ la *multiplicité* de l'idéal $\mathfrak{X}$. Cf. (SL), Chap. II, n° 3 et n° 5.

§ 5, n° 1, R. b.).
Soient $\mathfrak{o}$ un anneau local à noyau, et $\mathfrak{X}$ un idéal primaire pour l'idéal maximal $\mathfrak{m}$ de $\mathfrak{o}$; pour que $e(\mathfrak{X}) = 1$, il faut et il suffit que $\mathfrak{o}$ soit régulier et que $\mathfrak{X} = \mathfrak{m}$. Cf. P. Samuel, «La notion de multiplicité en Algèbre et en Géométrie Algébrique», J. Math. pures et appl., 1951; Chap. II, th. 7 et remarques. Voir aussi (SL), Chap. II, n° 5, c pour la suffisance.

§ 5, n° 2, R. a.).
Si $\mathfrak{o}$ est un anneau à noyau, $\mathfrak{p}$ un idéal premier de $\mathfrak{o}$, $\mathfrak{q}$ un idéal primaire pour $\mathfrak{p}$, et $\bar{\mathfrak{p}}$ un idéal premier isolé de $\hat{\mathfrak{o}} \cdot \mathfrak{p}$, les multiplicités des idéaux $\mathfrak{q} \cdot \mathfrak{o}_\mathfrak{p}$ et $\mathfrak{q} \cdot \hat{\mathfrak{o}}_{\bar{\mathfrak{p}}}$ sont égales. Cf. (SL), Chap. III, n° 3, cor. 2.

§ 5, n° 2, R. b.).
Si A est un anneau à noyau, $(x_1, \ldots, x_n)$ un système de paramètres de A engendrant un idéal $\mathfrak{q}$, $\mathfrak{v}$ l'idéal engendré par $(x_1, \ldots, x_r)$, et $\mathfrak{p}_i$ les idéaux premiers minimaux de $\mathfrak{v}$, on a la «formule d'associativité»: $e(\mathfrak{q}) = \sum_i e((\mathfrak{q}_i + \mathfrak{p}_i)/\mathfrak{p}_i) \cdot e(\mathfrak{v}A_{\mathfrak{p}_i})$. Cf. (SL), Chap. III, n° 4. Nous utilisons ici le cas où $\mathfrak{v} = (0)$ $(r = 0)$, traité dans le 2° de la démonstration citée.

§ 5, n° 2, R. c.).
Le complété d'un anneau local régulier est régulier. Cf. (SL), Chap. II, n° 5, c, – ou (N), Chap. V.

§ 5, n° 3, R. a.).
Voir § 5, n° 1, R. b.).

§ 5, n° 3, R. b.).
Pour les propriétés des parties des systèmes réguliers de paramètres cf. (SL), Chap. II, n° 5, c.

§ 5, n° 5, R. a.).
On a $e(\mathfrak{X}) = e(\hat{\mathfrak{o}} \cdot \mathfrak{X})$ puisque les anneaux $\mathfrak{o}/\mathfrak{X}^n$ et $\hat{\mathfrak{o}}/\hat{\mathfrak{o}} \cdot \mathfrak{X}^n$ sont isomorphes (cf. (SC), Chap. V, § 2, n° 5, cor. 1 au th. 4).

§ 5, n° 5, R. b.).
Cf. (SL), Chap. VI, n° 1, prop. 1.

§ 5, n° 6, R. a.).
Voir § 5, n° 5, R. a.).

§ 5, n° 6, R. b.).
Cf. (SL), Chap. II, n° 5,f, cor. 2 de la prop. 2.

§ 5, n° 7, R. a.).
Voir § 1, n° 2, R. a.).

§ 5, n° 7, R. b.).
Cf. (SL), Chap. II, n° 5,f, cor. 1 de la prop. 2.

§ 5, n° 7, R. c.).
Cf. (SL), Chap. III, n° 4, cor.

§ 5, n° 7, R. d.).
On dit qu'un idéal est équidimensionnel si toutes ses composantes primaires ont même dimension (elles sont donc toutes isolées). On applique ici le théorème d'équidimensionalité d'I. S. Cohen; cf. (SL), Chap. IV, n° 4, prop. 2.

§ 5, n° 7, R. e.) et R. f.).
Cf. (SL), Chap. II, n° 5,e.

§ 5, n° 8, R. a.).
Voir § 1, n° 2, R. a.).

§ 5, n° 8, R. b.).
Voir § 5, n° 2, R. b.).

§ 5, n° 9, R. a.).
Si $\mathfrak{X}$ est un idéal primaire pour l'idéal maximal d'un anneau local $\mathfrak{o}$, il existe un idéal $\mathfrak{Y} \subset \mathfrak{X}$ et engendré par un système de paramètres tel que $e(\mathfrak{Y}) = e(\mathfrak{X})$; cf. (SL), Chap. II, n° 5,e,A. La démonstration montre que, si $\mathfrak{o}$ contient un corps infini K, l'on peut prendre pour générateurs de $\mathfrak{Y}$ des combinaisons linéaires «suffisamment générales» à coefficients dans K des générateurs de $\mathfrak{X}$; plus précisément cf. P. Samuel, «La notion de multiplicité ...», J. Math. pures et appl., 1951, Chap. II, n° 6, scholie au th. 5.

§ 5, n° 10, R. a.).
Cf. (SL), Chap. VI, n° 2.

§ 5, n° 10, R. b.).
En effet un anneau semi-local complet est composé direct d'anneaux locaux complets; voir § 2, n° 2, R. d.).

§ 5, n° 10, R. c.).
Cf. (SL), Chap. II, n° 5,f, cor. 1 de la prop. 2.

§ 5, n° 10, R. d.).
Cf. (SL), Chap. I, n° 6,e, — ou (SC), Chap. V, § 3, n° i, lemma 1.

§ 6, n° 1, R. a.).

En effet les modules $\mathfrak{o}/\mathfrak{o}\,y^n$ et $\mathfrak{o}\,x^n/\mathfrak{o}\,x^n y^n$ sont isomorphes au moyen de l'application $z \to x^n z$; donc la longueur de $\mathfrak{o}/\mathfrak{o}\,x^n y^n$ est égale à la somme des longueurs de $\mathfrak{o}/\mathfrak{o}\,x^n$ et de $\mathfrak{o}/\mathfrak{o}\,y^n$; d'où notre assertion d'après la définition des multiplicités (voir § 5, n° 1, R. a.)).

§ 6, n° 1, R. b.).
Voir § 5, n° 2, R. b.).

§ 6, n° 2, R. a.).
On appelle multiplicité d'un anneau local celle de son idéal maximal; cf. (SL), Chap. II, n° 5.

§ 6, n° 2, R. b.).
Voir § 5, n° 1, R. b.).

§ 6, n° 2, R. c.).
Il est évident que, si deux idéaux $\mathfrak{q}$, $\mathfrak{q}'$ primaires pour l'idéal maximal d'un anneau local sont tels que $\mathfrak{q} \subset \mathfrak{q}'$, on a $e(\mathfrak{q}) \geq e(\mathfrak{q}')$. Cf. (SL), Chap. II, n° 3,a.

§ 6, n° 2, R. d.).
Voir § 5, n° 9, R. a.).

§ 6, n° 2, R. e.).
Cf. (SL), Chap. VI, n° 1,d, prop. 1.

§ 6, n° 3, R. a.).
Voir Chap. I, § 9, n° 2, R. b.).

§ 6, n° 3, R. b.).
En effet un anneau normal A est l'intersection des anneaux de ses valuations essentielles, c'est-à-dire des anneaux de fractions $A_\mathfrak{p}$ où $\mathfrak{p}$ est un idéal premier minimal de A; cf. (SC), Chap. III, § 1, th. 1 et th. 3.

§ 6, n° 5, R. a.).
Voir § 3, R. a.).

§ 6, n° 5, R. b.).
Cf. (SL), Chap. IV, n° 4, prop. 2.

§ 6, n° 5, R. c.).
Cf. (SL), Chap. II, n° 5,dB.

§ 6, n° 5, R. d.).
Voir § 5, n° 1, R. b.).

§ 6, n° 8, R. a.).
Cf. (B), Chap. V, § 10, th. 1.

Annexe historique.

Nous ne prétendons nullement faire ici l'historique de la Géométrie Algébrique. Nous nous contenterons essentiellement d'indiquer à laquelle des quatre époques de la Géométrie Algébrique sont dûs les principaux résultats donnés dans le texte. Les quatre époques auxquelles nous venons de faire allusion sont:

a) La première Ecole Allemande, marquée par les noms de M. NOETHER, de L. KRONECKER, de DEDEKIND et WEBER, – et aussi par celui de D. HILBERT (1860–1895).

b) L'Ecole Italienne, marquée par C. SEGRE, E. BERTINI, G. CASTELNUOVO, F. ENRIQUES, F. SEVERI et leurs élèves (1895–1920).

c) La seconde Ecole Allemande, marquée surtout par E. NOETHER et B. L. VAN DER WAERDEN (1920–1940).

d) L'Ecole Américaine, marquée par O. ZARISKI, A. WEIL, C. CHEVALLEY et leurs élèves de toutes nationalités (1939– ...).

Il va sans dire que cette division en quatre périodes est extrêmement schématique.

Chapitre I.

La définition des ensembles algébriques, plus ou moins explicite depuis fort longtemps, se trouve nettement chez KRONECKER [1], ainsi que la décomposition en ensembles irréductibles. Le fait que les ensembles algébriques d'un espace affine ou projectif satisfont à la condition minimale est démontré par HILBERT, comme conséquence de son théorème de la base finie [2]. L'exposé de ces débuts de la Géométrie Algébrique prend une forme très voisine de celle que nous donnons ici dès les premiers travaux d'E. NOETHER [3].

Le théorème des zéros est dû à HILBERT [4], qui montre même qu'une puissance de l'idéal $\mathfrak{I}(V(\mathfrak{a}))$ est contenue dans $\mathfrak{a}$. La méthode de réduction au cas où $V(\mathfrak{a})$ est vide a été trouvée par RABINOWITSCH [5]. Le théorème des zéros a récemment été l'objet de nombreuses recherches, tendant à le démontrer sans utiliser la théorie de l'élimination; citons celles de ZARISKI [6], BRAUER [7] et GOLDMAN [8].

Les notions de spécialisation et de point générique apparaissent dans les premiers travaux de VAN DER WAERDEN [9], et celui-ci démontre le théorème d'extension des spécialisations par la théorie de l'élimination [10]. Les travaux (souvent collectifs) de l'Ecole Américaine ont porté sur l'élimination de cette théorie; à eux sont dûes les démonstrations récentes du théorème d'extension, ainsi que la découverte de ses liens avec les notions de place et de valuation. L'origine de ces notions est aussi la Géométrie Algébrique, puisqu'elles furent introduites par DEDEKIND et WEBER dans le cas des courbes [11]; l'introduction des valuations de rang quelconque est dûe à KRULL.

Le fait qu'une variété définie par une seule équation est de dimension $n-1$ semble implicitement connu depuis fort longtemps. Il se trouve explicitement, ainsi que sa réciproque, chez VAN DER WAERDEN [9].

La notion de projection est aussi vieille que la Géométrie Algébrique elle même. Le lien entre projections et élimination est reconnu dès les débuts de l'Ecole Italienne. La méthode géométrique de démonstration du lemme de normalisation est dûe à WEIL [12].

Les Géomètres Italiens, à la suite de C. SEGRE [13], furent les premiers mathématiciens à définir les produits, et à utiliser systématiquement sous le nom de correspondances les graphes de relations algébriques.

Le théorème sur les dimensions d'intersections a été démontré par voie algébrique par VAN DER WAERDEN [14]. Il était probablement connu depuis plus longtemps, par voie analytique.

Si la méthode de normalisation des variétés affines se trouve déjà implicitement chez E. NOETHER et explicitement chez A. WEIL [12], l'utilisation systématique des variétés normales et la normalisation des variétés projectives sont dûes à ZARISKI [15]. Les Géomètres Italiens avaient déjà la notion de variété normale, et prenaient pour définition le critère que nous donnons au § 6, d).

La question de l'extension du corps de base s'est présentée dès les premiers travaux d'E. NOETHER [3]. Mais elle n'est systématiquement abordée que par l'Ecole Américaine; ce n'est pas ici le lieu de dénouer l'écheveau complexe des influences que CHEVALLEY, WEIL et ZARISKI eurent les uns sur les autres. Notons seulement que la notion d'extension régulière est dûe à CHEVALLEY [16] qui en donne les principales applications, — qu'elle est systématisée dans le traité de WEIL [17], — et que le critère d'irréductibilité absolue du § 7, n° 2 e est dû à ZARISKI [18].

La notion de propriété vraie presque partout était bien connue des Géomètres Italiens. La notion de degré d'une variété est encore plus ancienne.

Les notions d'ordre d'inséparabilité et de cycle rationnel sur un corps sont dûes à WEIL [17]. Les cycles sont considérés pour la première fois dans un des premiers travaux de SEVERI [19] et sont systématiquement utilisés par les Géomètres Italiens sous le nom de «varietà virtuali». Nous nous refusons d'entrer dans les discussions de priorité relatives à la forme associée; l'idée de représenter les variétés de degré et de dimension donnés par certains points d'un espace projectif était fort naturelle, et nous ne devons pas nous étonner d'en retrouver des traces fort anciennes chez CAYLEY ou BERTINI, chez PLÜCKER ou GRASSMANN; mais, pour être complète, une telle théorie doit aussi comporter la démonstration du fait que les points représentatifs ainsi obtenus forment un ensemble algébrique, et ceci n'est démontré dans le cas général que par CHOW et VAN DER WAERDEN [20]; nous avons suivi leur exposé.

(I) Pour l'historique de ces questions voir F. SEVERI, «La Géometrie

Italienne...» Colloque de Géom. Alg. Liége (1949) (Liége, Thone (1950).
La notion de spécialisation de cycles est alors chose facile; la compatibilité
de la spécialisation des cycles avec diverses opérations est formulée par
WEIL [17], et démontrée par MATSUSAKA [21] et SAMUEL [22]. Les
lemmes techniques du § 9, n° 7,g) et h) sont dûs à ZARISKI [23].

Nous avons déjà dit que la notion de correspondance remonte à
C. SEGRE [13]; celle de correspondance irréductible est introduite par
SEVERI en 1912 [24]; et c'est à lui que sont dûs les énoncés des critères
d'irréductibilité donnés dans le texte du § 10; une démonstration
algébrique du premier se trouve dans le traité de VAN DER WAERDEN [25].
L'énoncé sans démonstration du principe de décompte des constantes
remonte à SCHUBERT [26]; des démonstrations rigoureuses en furent
données à peu près simultanément par VAN DER WAERDEN [25] et
par SEVERI [27]. Les notions d'application régulière et de correspondance
birégulière ont été dégagées par ZARISKI [28] et WEIL [17].

Chapitre II.

C'est à ZARISKI qu'est dûe la notion d'anneau local d'une sous-
variété sur une variété [15], ainsi que la méthode de réduction à la
dimension 0 [29]. L'utilisation des produits tensoriels complétés
d'anneaux locaux pour l'étude des extensions du corps de base et celle
des variétés produits est dûe à CHEVALLEY [30].

Dans l'étude de la correspondance entre une variété et un modèle
normal associé, nous avons suivi ZARISKI [28]. Le théorème de non
ramification analytique est de CHEVALLEY [30], celui d'irréductibilité
et de normalité analytique est de ZARISKI ([31] et [32]).

La notion de cône des tangentes est fort ancienne, au moins pour
les hypersurfaces; sa définition au moyen d'un anneau gradué associé
a été donnée par IGUSA [33].

La définition des points (absolument) simples par le critère jacobien
est classique; celle au moyen des anneaux locaux réguliers est dûe à
ZARISKI [15]. L'exposé que nous donnons au § 4 provient essentiellement de ZARISKI [29].

La définition des multiplicités d'intersection a subi une longue
évolution, depuis le cas d'une droite et d'une hypersurface, qui était
essentiellement connu par DESCARTES et HUDDE. Les Géomètres
Italiens ont fait un grand effort pour préciser cette notion (voir la suite
des mémoires de SEVERI), aboutissant à un exposé pleinement satisfaisant
de SEVERI [34]. Pendant ce temps VAN DER WAERDEN donnait à la
fois une théorie topologique [35], et une théorie algébrique qui ne
définissait la multiplicité d'une composante de $V \cap W$ que si $V \cdot W$
était globalement défini [14]. Les théories de CHEVALLEY [30] et de
WEIL [17] sont les premières à donner une définition purement
algébrique et locale des multiplicités d'intersection; ces auteurs donnent

aussi la démonstration des principales formules relatives aux multiplicités d'intersection, formules dont l'énoncé semble avoir été dégagé par WEIL; bien entendu plusieurs de ces formules, comme l'associativité et le critère de multiplicité 1, étaient déjà connues des Italiens et de VAN DER WAERDEN. Le théorème de spécialisation (§ 6, n° 7) ne pouvait être énoncé qu'à l'intérieur d'une théorie des spécialisations de cycles, et on le trouve chez MATSUSAKA [21] et SAMUEL [22]; mais c'est la généralisation du fameux principe de conservation du nombre, qui remonte à SCHUBERT et peut être au delà [26], et dont la suite des travaux de SEVERI donne une démonstration satisfaisante. L'extension de la théorie aux composantes excédentaires a été suggérée par SEVERI[34] et faite par SAMUEL [22]. La multiplicité d'une sous-variété est une vieille notion dans mille et un cas particuliers; la définition et l'exposé que nous en donnons proviennent de SAMUEL [22]. Les résultats sur l'ordre d'inséparabilité sont dûs à WEIL [17]. Ceux sur le calcul des correspondances sont inspirés par lui [36].

Bibliographie.

[1] KRONECKER, L.: J. f. Math. 92, (1881).

[2] HILBERT, D.: Math. Ann. 42, 313—373 (1893).

[3] NOETHER, E.: Math. Ann. 90, 229—261 (1923).

[4] HILBERT, D.: Math. Ann. 42, 313—373 (1893).

[5] RABINOWITSCH, S.: Math. Ann. 102, 33 (1929).

[6] ZARISKI, O.: Bull. Amer. Math. Soc. 53, 362—368 (1947).

[7] BRAUER, R.: Bull. Amer. Math. Soc. 54, 894-896 (1948).

[8] GOLDMAN, O.: Math. Z. 54, 136—140 (1951).

[9] VAN DER WAERDEN, B. L.: Math. Ann. 96, 183—208 (1925).

[10] VAN DER WAERDEN, B. L.: Math. Ann. 97, 756—774 (1926).

[11] DEDEKIND, R., u. H. WEBER: J. f. Math. 92, 181—290 (1882).

[12] WEIL, A.: Exposés Herbrand, n° XI. Paris: Hermann 1935.

[13] SEGRE, C.: Rend. Palermo 1891.

[14] VAN DER WAERDEN, B. L.: Math. Ann. 108, (1933).

[15] ZARISKI, O.: Amer. J. Math. 61, 249—273 (1939).

[16] CHEVALLEY, C.: Trans. Amer. Math. Soc. 55, 68—84 (1944).

[17] WEIL, A.: Foundations of Algebraic Geometry. 1946.

[18] ZARISKI, O.: Amer. J. Math. 62, 187—221 (1940).

[19] SEVERI, F.: Rend. Ist. Lomb. 38, 859 (1905).

[20] CHOW, W. L., u. B. L. VAN DER WAERDEN: Math. Ann. 113, 692—704 (1937).

[21] MATSUSAKA, T.: Mem. Coll. Sci. Univ. Kyoto 26, 167—173 (1950).

[22] SAMUEL, P.: J. Math. pures et appl. 30, 159—274 (1951).

[23] ZARISKI, O.: Mem. Amer. Math. Soc. 5, 1—90 (1951).

[24] SEVERI, F.: Rend. Palermo 33, 313—327 (1912).

[25] VAN DER WAERDEN, B. L.: Einführung in die algebraische Geometrie. Berlin 1939.

[26] SCHUBERT, F.: Kalkül der abzählenden Geometrie. Leipzig 1879.

[27] SEVERI, F.: Serie, sistemi d'equivalenza. Roma 1941.

[28] ZARISKI, O.: Trans. Amer. Math. Soc. 53, 490—512 (1943).

[29] ZARISKI, O.: Trans. Amer. Math. Soc. 62, 1—52 (1947).

[30] CHEVALLEY, C.: Trans. Amer. Math. Soc. 57, 1—85 (1945).

[31] ZARISKI, O.: Ann. of Math. **49**, 352—361 (1948).
[32] ZARISKI, O.: Ann. Inst. Fourier **2**, 161—164 (1951).
[33] IGUSA, J. I.: Mem. Coll. Sci. Univ. Kyoto **27**, 189—201 (1951).
[34] SEVERI, F.: Hamb. Abh. **9**, 335—364 (1933).
[35] VAN DER WAERDEN, B. L.: Math. Ann. **102**, 337—362 (1929).
[36] WEIL, A.: Sur les courbes algébriques. Paris: Hermann 1948.

Annexe terminologique.

«The same fate as once befell at Babel.»

Pour la commodité du lecteur nous donnons ici un tableau comparant les terminologies utilisées dans ce livre et par divers auteurs. Nos sources sont les suivantes:

WEIL, A.: Foundations of Algebraic Geometry. New York 1946.

ZARISKI, O.: Mémoires récents.

VAN DER WAERDEN, B. L.: Einführung in die algebraische Geometrie. Berlin 1939.
— Suggestions faites dans «Zur algebraischen Geometrie, 16». Math. Ann. **125**, 314—324 (1953).

SEVERI, F.: Introduzione alla Geometria algebrica. Roma 1947.

HODGE, W. V. D., and D. PEDOE : Methods of algebraic Geometry. Cambridge 1952.

On remarquera que la terminologie d'A. WEIL et la nôtre sont particulièrement adaptées aux questions où le corps de base est d'importance secondaire, contrairement à celles d'O. ZARISKI et de HODGE-PEDOE, ainsi qu'à l'ancienne terminologie de VAN DER WAERDEN; le problème ne se posait pas pour les Géomètres Italiens, ni pour CHEVALLEY («Intersections of algebraic varieties», Trans. Amer. Math. Soc. **57**, 1—85 (1945)], qui opèrent sur un corps de base algébriquement clos. La terminologie de W. L. CHOW est assez voisine de la nôtre. L'école Japonaise de Géométrie Algébrique utilise la terminologie d'A. WEIL. La terminologie utilisée par I. BARSOTTI diffère peu de celle d'O. ZARISKI. Quant à W. GRÖBNER (Moderne algebraische Geometrie. Wien 1949), ses «Nullstellengebilde» sont nos «ensembles algébriques», tandis que ses «Algebraische Mannigfaltigkeiten» ont l'air d'être à peu près des idéaux de polynômes.

Ce livre	A. Weil	O. Zariski	Van der Waerden	Suggestions de Van der Waerden	F. Severi	Hodge-Pedoe
Ensemble algébrique	Bunch of varieties	Variety	Algebraische Mannigfaltigkeit	Vielfältigkeit	Varietà, varietà algebrica	Algebraic variety
k-ensemble = ensemble normalement algébrique sur k = k-variété	Bunch of varieties normally algebraic over k	Variety over k	alg. Mann. über k	Vielfältigkeit über k	(non défini)	Algebraic variety (over k)
Variété = variété absolue	(non défini) Variety	Irreducible variety Absolutely irreducible variety	Irreduzible Mann. (über k) Absolut irred. Mann.	Irreduzible Vielf. (über k) Unteilbare Vielfältigkeit	(non défini) Varietà irriducibili Varietà virtuale	Irreducible variety (over k) Absolutely irreducible variety Multiplic. variety
Cycle	Cycle	Cycle	(non défini)	Kette	(non défini)	Generic point (over k)
Point générique (sur k)	Generic point (over k)	General point (over k)	Allgem. Punkte (über k)	Allgem. Punkt (über k)	(non défini)	Generic point (over k)
Presque partout sur V	(non défini)	For a generic point of V	(non défini)	(non défini)	Per uno punto generico di V = generalmente	For a sufficiently general point of V
k-simple	Relatively simple with reference to k	Simple	(non défini)	(non défini)	(non défini)	Simple (n'opèrent qu'en caractéristique 0)
Absolument simple = simple	Simple	Absolutely simple	Einfach	Einfach	Simplice	Simple
Anneau local	Specialization ring	Quotient ring, local ring	(non défini)	(non défini)	(non défini)	Quotient ring
Projectivement normale (sur k)	(non défini)	Arithmetically normal	(non défini)	(non défini)	(non défini)	Projectively normal = norm.
Localement normale = normale	Normal	Absolutely normal	(non défini)	(non défini)	(non défini)	(non défini)
Localement k-normale = k-normale	Relatively normal with reference to k	Normal	(non défini)	(non défini)	(non défini)	(non défini)
Normale en W	Normal along W	Absolutely locally normal along W	(non défini)	(non défini)	(non défini)	(non défini)
k-normale en W	Relatively normal along W with reference to k	Locally normal along W	(non défini)	(non défini)	(non défini)	(non défini)

Ergebn. d. Mathem. N.F. H. 4, Samuel.

9

Index alphabétique.

La notation II, 5, 8, b renvoie au Chapitre II, paragraphe 5, numéro 8, alinéa b). Les théorèmes et résultats dont le nom figure dans un titre de paragraphe ou de numéro ne sont pas toujours cités.

Projection (indice de), cas projectif 18; I, 3, 2, c.
Projection projective 17; I, 3, 2, a.
Projective (extension) 18; I, 3, 3.
Projective (fermeture) 13; I, 2, 6.
Projective (projection) 17; I, 3, 2, a.
Projectivement normale (k-variété) 25; I, 6, a.
Projetante 17; I, 3, 2, a.
Propre (composante) 82; II, 5, 7, a.
Propriété vraie presque partout 34; I, 8, 1, a.

Rationnel sur k (cycle) 43; I, 9, 3, h.
Rationnelle (application) 56; I, 10, 3, a.
Rationnelle (k-variété) 3; I, 1, 3, e.
Réciproque (correspondance) 55; I, 10, 1, d.
Réduction à la dimension 0 61; II, 1, 2, c.
Régulière (application rationnelle) 56; I, 10, 3, b.
Régulière (extension) 29; I, 7, 1, b.
Relèvement d'un point 54; I, 9, 7, h.

Sécante limite 69; II, 3, c.
Segre (variété de) 22; I, 4, 3, d.
Semi-générique (projection) 53; I, 9, 7, f.
Simple (absolument) 75; II, 4, 2, c.
k-simple (point, sous-variété) 71; II, 4, 1, a.
k-simple (zéro) 73; II, 4, 1, h.
Singulier (ensemble, ou lieu) 75; II, 4, 2, b.
Singulier (point) 75; II, 4, 2, b.
Non singulière, ou sans singularités (variété) 75; II, 4, 2, b.
Spécialisation 5; I, 1, 4, c.
Spécialisation d'un cycle 51; I, 9, 7.
Spécialisation homogène 11; I, 2, 2, b.
Strictement homogènes (coordonnées) 8; I, 2, 1, a.
Support d'un cycle 41; I, 9, 2, a.
Support d'un système algébrique de cycles 58; I, 10, 4, a.

Système algébrique de cycles 52; I, 9, 6, a.
Système algébrique irréductible maximal 51; I, 9, 6, b.
Système complet de conjugués 87; II, 5, 10, a.
Système d'équations 2; I, 1, 1, e.
Système involutif de cycles 58; I, 10, 4, b.

Tangentes (cône des) 68; II, 3, a.
Total (transformé) 55; I, 10, 1, c.
Transformé d'un cycle par un automorphisme 43; I, 9, 3, a.
Transformé total d'un ensemble par une correspondance 55; I, 10, 1, c.
Transversales (variétés) 79; II, 5, 3, c.

Uniformisants (paramètres, formes linéaires) 76; II, 4, 3, a et b.
Universel (domaine) 4; I, 1, 4, c.
Universelle (variété) 30; I, 7, 1, b.

Variété ambiante 98; II, 6, 5, a.
Variété absolue, ou variété 28; I, 7, 1, a.
Variété absolument irréductible 32; I, 7, 2, c.
Variété absolument normale 34; I, 7, 4, b.
Variété conjuguée 31; I, 7, 2, b.
Variété de Segre 21; I, 4, 3, d.
Variété de Veronese 22; I, 4, 3, e.
Variété universelle 30; I, 7, 1, b.
k-variété 2; I, 1, 3, a.
k-variété affinement ou projectivement normale 25; I, 6, a.
k-variété projective 9; I, 2, 1, f.
Veronese (variété de) 22; I, 4, 3, e.

Zariski (espace tangent de) 68; II, 3, a.
Zariski (critère de simplicité de) 74; II, 4, 2, a.
Zéro affine 1; I, 1, 1, a.
Zéro k-simple d'un idéal 73; II, 4, 1, h.
Zéro projectif 8; I, 2, 1, f.

Ergebnisse
der Mathematik und ihrer Grenzgebiete

Printed in the United States
By Bookmasters